再见，
我的紧张体质

〔日〕**伊势田幸永**——著

马梦雪——译

天 地 出 版 社｜TIANDI PRESS

你该知道的缓解紧张情绪的方法

序 言

"下一个就轮到我发言了！"

候场时你一直都很平静，可是随着上场时间的临近，你突然开始感到紧张！

"我该怎么办……"

你有过这样的经历吗？

一到你当众发言时，你的大脑就一片空白。你想要结束眼下的尴尬，可是你的嘴不跟着脑子走，你自己也不清楚自己说了什么……

虽然事后大家都纷纷安慰你："你那个时候是太紧张了。""没事儿，大家都会紧张。"但是，你还是会觉得无地自容，羞愧难当。

可其实，你不必如此自责，因为不只是你，很多人都不擅长当众发言。

你会在什么时候感到紧张呢？我们在接下来的这些场景中自测一下吧！

你该知道的缓解紧张情绪的方法

想象一下你在以下场景中的紧张程度

· ·

☐ 一对一交流时

☐ 当众发言时

☐ 交流中注视对方时

☐ 初次见面，需要加入对话中时

☐ 表达自己的情绪时

☐ 受到夸奖或被征求意见时

☐ 自己一边说话一边观察对方的表情时

☐ 想要中途离场时

☐ 面对特定的人时

☐ 被对方反复询问时

☐ 用身体语言进行交流时

以下，你中了几个呢？

◇ 站在人前时，你心跳加快，脸颊、手心、
  腋下冒出虚汗。

◇ 面红耳赤且身体发抖。

◇ 面对不认识的人或异性时，你无法流畅地
  表达自己的意思，说话磕磕绊绊。

◇ 演讲或发言时，你不是话到嘴边讲不出来，
  就是说话过快，乱了节奏。

◇ 重要场合前总是想上厕所，还会感到极度
  口干舌燥。

日本曾进行过一个相关的网络调查，调查对象为 20 岁以上的青年。调查显示，八成以上的年轻人表示自己很容易紧张。由此可见，绝大部分人都患有怯场症。

本书以本人迄今为止接待过的 2 万多名来访者的行为数据为基础，总结出共性作为理论支撑，读者可以通过运用书中简单易懂的方法在人际交往中如鱼得水。通过阅读本书，无论你是当众发言还是一对一交流，无论是初次见面还是与异性交谈，都将能够轻松驾驭。

而我所认为的"如鱼得水之人"是指那些可以在人生重大节点上超常发挥、大放异彩的人，换言之，也可以称他们为"实战强者"。

曾经，我也因为工作而常在人前强装镇定，但其实我也是一名怯场症患者。

但是后来有一次，无意间的一个动作拯救了我。记得当时我做的是一个放松身体关节的动作。你也许会不解，这两者之间有什么关系呢？

通常，我们认为是意识在指导行为，殊不知，一个微小的行为也可以反过来改变我们的心理意识。

这种从行为反应出发，改变情绪反应的学问，我们称之为"行为心理学"。

想要改变惯性的消极思维模式确实很困难，但是单纯改变行为是轻而易举的。大家想想是不是这样。

不过紧张本来就是我们所拥有的一种自然情绪，所以紧张本身并没有什么过错。即便是在奥林匹克运动会中夺冠的选手，也大都会在竞技时感到紧张，谁也不能免俗！

只不过令人遗憾的是，有些人会因为紧张而丧失自信，导致发挥失常。

我曾经在大学中给求职的应届生做过讲师。作为他们的顾问，我当时给出的建议是让他们去充分地展现自己的魅力。

但是，真正到了面试的时候，那些有实力的学生却因为自身紧张而发挥失常，魅力全无，最终错失良机。这种情况时有发生，想来十分令人惋惜。

故此，我确信，想要成为实力控场者的第一步就是放松下来。

基于此，我根据以往自身经验，活用行为指导意识的行为心理学创造出了一套全新的方法——伊势田行为交流法。

事实上，掌握该方法不仅可以有效缓解你的紧张情绪，还能够有效改善对方的情绪。凭借此交流法，你只需要通过改变行为和动作便可以迅速地缓解紧张情绪，达到顺利完成交流的目的。

凡事莫要盼明日，今日便是最好时。掌握该方法之后，演讲、发言、会议、商谈、面试、考试、求职、相亲、联谊、冠婚丧祭、家长会……无论是什么交际场合或人际关系，你都可以做到从容应对。

其实，想要成为一个谈吐从容的人并非难事。也许你会觉得我在画饼，但这种可以通过行为来改变意识的零成本方法，哪有不试一试的道理呢？

若是通过阅读本书，能有越来越多的人可以充分地展示自己，做到愉快、轻松地与人交流，并因此获得更加丰富的人生，那将会是我的无上荣幸！

目录_____
Contents

Part 1 你因何而紧张

Part 2 摆脱困境 绝处逢生

Part 3　谈吐变从容的超简单方法
——当众发言的前篇

Part 4　谈吐变从容的超简单方法
——一对一交流篇

Part 5　击退导致紧张的不安和怯懦

你因何而紧张

1 内心的表现欲会激发紧张情绪

导致你紧张的始作俑者是你自己

▶ **为什么在特定的人面前你会紧张**

很少会有人在和家人或亲友聊天时感到紧张。但是，要是现在你面前坐的是客户或是面试你的 HR（人力资源管理者）时，你的脑子里又会想些什么呢？

"我必须好好表现，必须留下好印象才行啊……"

可是你越这么想，就越会被紧张情绪所笼罩，无法恰当地组织语言，还有可能因为一句不说为妙的话导致满盘皆输。

你可能会很郁闷，明明平时自己和家人、朋友聊天时都很自然，为什么在面对陌生人时却表现得如此糟糕？

其实这都是你内心强烈的表现欲在作祟。因为你希望被欣赏，希望给对方留下一个好印象，所以你的身体会在无意识中紧绷起来，导致你越来越紧张，自然也就无法表现得像平时那样恰到好处。

▶ 改变想法，紧张情绪将荡然无存

换言之，你感到紧张并非因为客户难以相处，或者是面试官太过严肃，而是因为你迫切地想要展示出更好的自己，所以才会紧张。

如果症结在此，那么对策便也一目了然了。你无法改变对方，但是如果你想，完全可以改变自己！

你发现了吗，迄今为止，每每在重大事件之前，大家都会叮嘱你："肩膀放松。"电视上播放的体育节目中，在临上场前，教练也总是会边拍打选手的肩膀边叮嘱道："肩膀别太僵硬！"

其实，我们不是因为紧张才绷紧肩膀，而是因为肩膀紧绷才导致了紧张。

故而，缓解紧张情绪最行之有效的对策便是放松肩膀。

当你在工作、求职、相亲、家长会的过程中感到紧张时，请尝试先使劲儿绷紧肩膀，再猛地卸力，如此一来，你的肩膀便会自然地放松下来。如此重复 2 ~ 3 次以后，你肩膀周围的肌肉便会放松下来，你的内心也会因此感觉到轻松。

你也许会忍不住疑惑："不是吧，就这么简单？"那你不妨抱着被骗也无所谓的心态，尝试一次看看！也许这次尝试就能帮你打开新世界的大门！

划重点！ 缓解紧张情绪的第一步：肩膀放轻松。

导致你紧张的始作俑者是你自己！

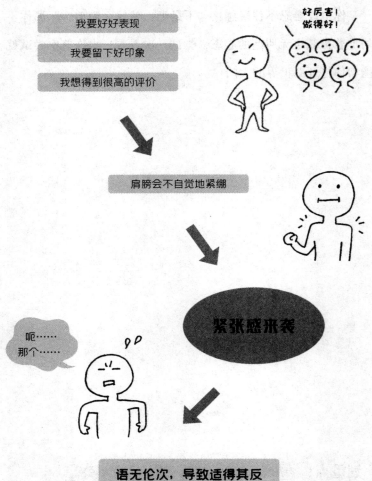

2 做易使人紧张的动作自然会紧张

紧绷性动作使人紧张，放松性动作消除紧张情绪

▶ 你正在无意识中埋下紧张的种子

那些容易紧张的人正在无意识中做着催生紧张情绪的动作，但对此，很多人并不相信且大都会这样反驳道："才没有，我没有做那些动作。我一直都叮嘱自己'别紧张，别紧张，注意放松'，但根本就无济于事。"

我可以理解他们的心情，但是他们嘴上念叨着的"别紧张，别紧张"，其实就等同于对自己说"紧张起来，紧张起来"，只会起到反作用。同样，"注意放松，注意放松"也只会产生类似的结果。

引起我们紧张情绪的并不是叮嘱自己的内容，而是"念叨"这个行为。因为在反复念叨的这个过程中，大部分的人会习惯性地做出紧缩肩膀、低头含胸的动作。这是一个将身体紧绷起来的动作，而这种紧绷性动作会让人把注意力都投射到自己身

上，身体会因此变得僵硬，情绪也会变得更加紧张。

而且，我偶然间注意到在发言、演讲等场合的候场区，有些人会做出将其双手握拳放于膝上、头颅微低静静地坐在椅子上等待的姿势。他们这样做也许是为了平复心情、调整情绪。但由于这也是一个紧绷性动作，所以这样反而会使得他们一直处在紧张情绪中。

▶ 高举双臂大呼"万岁"，赶跑紧张情绪

这种情况是很常见的。越是容易紧张的人，越是会在无意识中做出那些易使人紧张的动作或呈现出类似的状态。若你真想从紧张情绪中挣脱出来，那就要试着去做那些放松性动作。

我认为最有效的动作是高举双臂大呼"万岁"。当你在意他人眼光而心生羞怯时，你可以尝试去厕所等隐蔽性场所偷偷做这个动作。就算只有 10 秒或者 20 秒，也去张开双手，高举双臂！然后，你可能会发现，在不知不觉中你已经扬起了嘴角，露出了微笑。

因为通常我们只会在高兴或喜悦的时候做高举双臂大呼

"万岁"这个动作，所以不管现下我们的心情如何，只要我们高举双臂大呼"万岁"，大脑就会产生错觉：啊！原来我现在很开心啊！然后你的心情就会被切换到明朗模式，表情自然也就会变得平和。

　　一般来说，高举双臂大呼"万岁"的动作与焦躁的心情、阴沉的情绪是无法共存的。所以在这一过程中，你会忘记你正在紧张这件事。高举双臂大呼"万岁"这个舒畅的放松性动作绝对是帮助你赶跑紧张情绪的最强利器。

划重点！ 　放松性动作是紧张的克星。

拒绝紧绷绷，放松记心中

口中反复念叨"别紧张"或"放轻松"

始终低头静坐

张开双手，
高举双臂大呼"万岁"

抬起头

3 紧张体质的人的通病

自我意识过强的人更容易紧张

▶ 他们惯于逼迫自己，进而自食其果

其实，拥有紧张体质的人是有其共性的。俗话说，世人皆会紧张，但那些活在他人眼中的人、消极主义者、完美主义者和过于一本正经的人会比其他人更加容易产生紧张情绪。

活在他人眼中的人拥有非同寻常的表现欲，也就是所谓的"爱表现"。所以，他们一旦遭遇失败，就会过分地嫌弃、谴责自己，不知不觉中肩膀就会紧绷起来，进而陷入紧张的情绪沼泽中。

同样，消极主义者也善于逼迫自己。他们习惯对各种事情进行负面加工，比如说他们总会猜想："我说的内容是不是太无聊了？说这种话会不会让人笑掉大牙？"

另外，完美主义者也会因为自我意识过强导致容易紧张。举例来说，一般人看来，在研讨会上说错或跑题都是见怪不怪的事情。面对这种情况，一般人在意识到自己说错之后，并不会把这件事放在心上；完美主义者却会因此感到慌张失措，因为他们不允许失误出现。但其实，完美主义者冷静思考过后就会明白，只要你不是响当当的名人，很少有人会全神贯注地去记住你所说的每句话，所以，稍稍犯些错也不会有人在意的。

▶ 紧张是身体的防卫反应

上述这些人凡事苛求完美，不接受任何失败，而正是这种通病给他们自身带来了强烈的压迫感。压迫感滋生出巨大的压力，这种压力使得他们的身体变得僵硬，令人窒息的紧张情绪也就随之而来。

一般来讲，紧张是由身体的防卫反应引起的。即当你面临危机或者感受到压力时，身体为了保护你，会进入临战状态。此时，你的交感神经会变得活跃，心脏会剧烈跳动，筋肉会开始僵硬，呼吸会加快变浅，而这种状态，我们称之为"紧张"。

人人皆有失败的时候，所以不妨想开点，尽己所能，问心无愧！

划重点！ 不要被焦点效应左右。

越逼迫自己，越容易紧张

压迫感催生出巨大的压力

为了躲避压力或者为了战胜压力，
身体的战斗模式如下

| 小心脏扑通扑通 | 身体僵硬紧绷 | 呼吸又浅又快 |

4 改变意识很难，但改变行为易如反掌

从行为入手改变意识

▶ 人的意识和行为互为一体

罗马不是一日建成的。

有紧张体质的人肯定都想从今往后不要那么消极，不要那么敏感，希望自己可以乐观一些、豁达一些，但是一贯的性格和思维方式不是可以轻易改变的。

因为你现在的思维模式是由你过去的经验和所处的环境在长时间的积累过程中形成的，所以如果你想重置内心，就同样需要花费足够长的时间！

相比之下，改变行为简直易如反掌。只要你愿意，现在、此刻、当下就可以！

人的意识和行为是互为一体的。所以，改变意识，行为就会改变；改变行为，意识就会改变。既然如此，那比起让我们想方设法地去改变意识，去朝好的方向改变行为岂不是如探囊取物一般简单吗？而基于此种想法所诞生的学问便是行为心理学。

举例来说，行为心理学认为"你低落所以你低头"和"你低头所以你低落"二者是等同的，但这并不影响我们做出改变。我们只需要知道"低落"的这种情绪和"低头"这种行为，彼此互相影响。所以，当你处在"低头所以低落"的情况时，摆脱低落情绪的方法便是抬头仰望。

行为如果改变，意识便会随之改变！因为意识和行为二者互为一体，所以你很难做到一边抬头，一边失落。

▶ 运用行为心理学来消除紧张情绪

同理，如果你想要消除紧张情绪，那么你只需要做能消除紧张情绪的动作即可。而我们书中前述的放松肩膀和高举双臂大呼"万岁"便是这类动作。

现在，我将从行为心理学的角度出发，推荐以下在缓解紧张情绪时最行之有效的四种方法：

（1）舒展身体；

（2）高举双手；

（3）抬头仰望；

（4）做深呼吸。

这四种基本动作可以缓解身体的僵硬，进而达到舒缓内心紧张情绪的目的。

一旦涉及行为心理学的领域，可能就会有人觉得这些内容过于晦涩难懂。但其实你需要做的只是去改变行为，所以完全无须有心理上的负担。相信自己，任何人都可以战胜压力，解放自己！

划重点！ 意识和行为密切相关，互相影响。

零成本改变行动，赶跑压力，
没理由不心动啊！

想要改变意识 ▶ 需要投入时间和金钱

进行修行

参加研讨会

读不完的
心灵启蒙读物

想要改变行动 ▶ 只要你有决心

运用行为心理学战胜紧张情绪的诀窍

诀窍 1 你该知晓你因何而紧张

让你被紧张缠身的罪魁祸首是你自己!

诀窍 2 切勿自我意识过强

"不能失败"的巨大压力让人紧张。

诀窍 3 你该掌握的缓解紧张情绪的动作

行为有紧绷性和放松性之分,改变行为就能改变意识。

诀窍 4 就从此刻开始!

俗话说,变则通。先定一个三周的小目标吧!

Part

2

摆脱困境　绝处逢生

1 心跳加快时可掌心朝上

深呼吸可以让人放松

▶ 世人皆会紧张

"下一个该我发言了！"

每次当你一想到这儿，你的心脏就会剧烈地跳个不停。

"救命！该怎么办呀……"

以上这种经历其实很多人都遇到过。曾经，我也是怯场大军中的一员。虽然我现在习惯了各种各样的场合，但以前我总是要努力装作一副很镇定的样子。

也许我们之间会有些程度上的差异，但是当着大家发言时，谁也不能例外。话虽如此，可若你一边发言一边心跳如擂鼓，那失败将是你注定的结局。所以这个时候，我们就必须放出可以速效解压的绝招了！

绝招很简单，就是手心朝上。因为太过简单，可能会让有些人大失所望。但是，我保证它的效果绝对会让你感到惊讶！

当你的手心朝上时，身体会自然地舒展开来，呼吸会慢慢地加深。深深地呼吸可以缓解你身体的紧张状态，进而舒缓紧绷的情绪，达到放松的效果。

如果接下来，你继续将双手高举到脸颊左右的高度，那么你还可以进一步感受到极致的放松。如果你不愿意用双手，单手也是可以的。不过单手时，你需将手心朝向前方，做出和人打招呼的动作。

▶ 展露手掌心，态度变积极

一般情况下，当我们紧张时会不自觉地双手下垂，手心朝内，手掌握拳。所以这时，只要我们有意识地去做相反的动作，就能缓解紧张情绪。

事实也的确如此，手心朝上展露的姿势确实会让我们的内心得到解脱。这不是你的错觉，这种姿势在心理学上属于"自我表露"的一种形式。所谓自我表露，是指你向对方袒露心声，直率表达自己的一种行为。换言之，你不再执着于要如何去表现自己，而是坦率且积极地去面对对方。所以，若你在临上场时感到心跳剧烈，可以试着放空大脑，只专注于手心朝上的这个动作。如果你在一开始时就做过这个动作，那么在接下来的时间里你都可以做到从容应对。

划重点！　手心的朝向能表露你的情绪。

展露手掌心，态度变积极

双手掌心朝下

手心对着自己

手握成拳

双手掌心向上

单手掌心向外

2 双脚发颤时可放松膝盖

稳住下半身就能保持平常心

▶ **下半身的稳定与否和紧张情绪密切相关**

我们在紧张的时候身体会变得僵直，手脚的关节自然也会变得僵硬。所以，一旦我们因为当众发言而感到紧张时，我们的步伐看起来就会像笨拙的机器人一样僵硬。

不过我最近有了新的感悟，例如当众摔跤这件事，如果摔一跤能逗大家一乐，又何乐而不为呢？若我们处事都能保持此种心态，又何来"紧张"二字呢？不过话虽如此，我们肯定还是不能这么草率地下定论。

因为紧张，你感到身体虚弱无力，仿佛此刻正行走于云上，无依无靠。同样，因为紧张，当站在讲台上时，你会感到两脚发颤，直打哆嗦。

切记，这种时候你可以尝试微微分开双腿，脚尖朝外，膝盖微屈的站立姿势。这个姿势有助于你稳定下半身,当下半身稳住时,脚底便会有踩实地面之感,如此一来,紧张的情绪自然而然就会烟消云散了。

因为下半身的稳定与否与紧张情绪密切相关,所以切实稳住下半身至关重要！也由此,我们绝对不可以采用膝盖紧紧并拢、直立不动的姿势,因为下半身趋向不稳定的站姿会让我们变得更加紧张。

▶ 忽视礼节又何妨

当然,也许会有人不喜道:"张开双腿站着,也太不注重礼节了吧。"但是,如果你认为克服紧张情绪才是当务之急,稍稍忽视一下礼节又何妨呢！

我们在消除紧张情绪时,身体通常是处于放松状态的,但礼节中却往往充斥着许多克制和约束。换言之,这完全与放松身体背道而驰！

但当你不再紧张时,请你还是要注意举止优雅哦。

我曾有幸多次受邀去国外演讲,其间也穿过和服。回国后,当我看照片时，我才猛然意识到原来自己拍照时都是双腿分开站立的。我平时的不雅习惯都被拍下来了！

后来和服指导老师极为生气地批评了我。老师说，你平时怎么穿衣服都行，但是你竟然把和服穿得如此不得体！那之后我就下定决心，和服以后就压箱底吧！不过话说回来，穿和服时不得体的站姿带给我的却是从容和轻松。

所以当你紧张的时候，大可尝试一下抛下那些礼节。然后，你那颗扑通乱跳的心应该就会慢慢平静下来了。

划重点！ 　紧张感袭来时，不妨放下礼节。

双腿打战？切记稳住下半身！

紧绷绷的站姿会带来
紧绷绷的情绪

微微分开双脚，
放松膝盖，脚尖朝外站立

3 双手颤抖时可抓住某物

若抓住自己身体的某个部位能使你安心，
也未尝不可

▶ 双手空空，内心咚咚

当人处于极度紧张状态时，不仅是腿，连手都会颤抖，甚至还有些人会浑身颤抖。这样的人一定绞尽脑汁地想要改变这种状态吧？

人在两手空空的时候，内心会陷入不安。因为双手与生俱来的使命便是抓取东西，所以一旦我们两手空空，我们的内心就会感到不安。因此，当你的双手出现颤抖时，就一定要去抓住一些东西，笔也好，手帕也好，指示棒也好，什么都好。

可若即便如此，双手还是不停打战，或者感觉到自己将要在极度紧张中昏倒时，你还可以尝试双手交叉抓住自己的手腕或者肘部的动作，这个动作也可以让你迅速地平静下来。这种行为是一种"自我亲密"或"自我碰触"，其原理是通过碰触自己让自己平静下来。比如婴儿就经常会咬手指、舔自己的手或脚，他们其实就是在通过这种行为来确认自己的存在。

我们每个人在年幼时都可能有过这样的经历。当幼小的我们感到不安时，我们会在他人的拥抱中或被抚摸脑袋的安慰过程中，感受到内心的平静。但是，随着我们长大成人，我们肯定不能再咬手指或者让别人抚摸我们的头了。成年人有成年人的方法，我们可以通过自我碰触来安抚自己的情绪。

▶ 采取安心的姿势便可

从行为心理学的角度出发，那种紧抱自己的姿势不利于我们讲话，所以此处并不推荐。可如果只有这种姿势才可以将你从高度紧张、死死挣扎的情绪中拯救出来，那也是可以采取的。到那时，理论如何已不那么重要，当务之急是先平稳住自己的情绪。

还有类似的动作，比如有些人在双手交握于心脏附近处时会感到放松。因为这种交握的姿势可以有效抑制双手的颤抖，同时，因为撑开了双臂，我们肩膀到手腕处的肌肉都能得以放松，所以这种姿势也是符合行为心理学的。

当然，如果你有一个可以让你安心的固定姿势，请务必多多使用！不过，由于双手握拳交叉抱臂的姿势会让你太过屏息用力，所以这个姿势还是少用为妙！交叉抱臂的动作本身是一种典型的自我防御性动作，它会释放出一种"他人勿靠近"的信号，而对方也会因为感受到你的排斥而心生不快。不过，如果你真的想要尝试交叉抱臂的动作的话，那不妨先尝试一下双手抓腕的姿势吧！

划重点！　　找出一个能让你安心的固定姿势。

抓住笔、手帕或者指示棒

自己抓住自己的手腕
或手肘

尝试平静内心的祈祷姿势

找出一个适合自己的固定姿势，但前提是别让对方感到不快！

4 声音颤抖时可微抬下颌

悠然的声音听起来庄严坦荡

▶ 微抬下颌，自然发声

人在紧张的时候，会出现声音颤抖或声高音虚，无法正常讲话的现象，这是因为带动声带运动的肌肉会在我们紧张时变得僵硬，产生痉挛。

本来，我们能够发声就是因为气息振动了声带，所以我们在讲话时多多少少都会带有一点颤音。别人根本不会像我们想象的那样去关注我们是否有颤音，他们只会觉得我们的声音本就如此。但是，我们自己却总是十分在意，而且越是想平稳气息就越是紧张得厉害，有时还会出现声音发飘的情况。我们会因此感到意志消沉，不自觉地破罐子破摔地想："以后我再也不在人前讲话了！"其实这种心情，我是可以充分理解的。

所以我在此想要向各位读者推荐一个微抬下颌仰视的动作。当你在做这个动作时，你的视线会自然地落在对方头的上方。

这种姿势有助于你打开呼吸道，你的声音会因此变得更加具有穿透力。此时，即便你不再刻意地抑制颤音或拔高音量，你的声音也会自然而然地变得悠然响亮。你可以试着去比较一下，你正面朝前和微抬下巴时的声音有何不同。很明显，后者的声音会更加响亮，也更加具有穿透力。

这种姿势同样适用于那些说话声音很小的人。毕竟，无论你持有多么有趣的思想，但若是因为你的声音太低而导致无法传达给对方，想来会是件多么可惜的事情啊！

▶ **注意下颌上扬的角度**

只要你下颌上扬的角度稍有不同，音调就会发生变化，听起来的感觉也会大不相同，所以你需要根据自身状况和发言现场的情况来调整下颌上扬的角度。其中有一点是必须注意的，那就是不要过分地抬高下颌。因为这样看起来会趾高气扬——从侧面看，过分抬高下颌确实容易给人一种眼高于顶的高傲之感。所以，各位要切记是微微地抬起下颌哦。

当然，若此时你能再微屈手肘，撑开双臂，挺起胸膛，那你看起来一定会更加的自信夺目，气场非凡。因为，昂首挺胸的姿势一向都是成功企业家的标配！当你昂首挺胸的时候，人们会更多地感受到你的积极与活力，所以请你务必把这个姿势收编到你的姿势大全里去。

划重点！ 微抬下颌有助于你展示自信的声音与形象。

声音发颤惹人愁？试试微抬下巴法

努力地大声讲话

声音反而会颤抖得更厉害，
或导致声高音虚

下巴上扬超过 30 度

侧面看起来会显得高傲

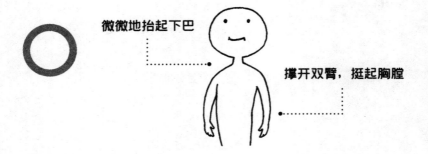

微微地抬起下巴

撑开双臂，挺起胸膛

**在他人眼里，你就是那个谈吐从容、
自信得体之人！**

5 | 大脑空白时可活动身体打破僵硬状态

走两步、深呼吸可助你回到正轨

▶ 切记，不要被焊在原地

一站在人前，我的头脑就一片空白，一句话也说不出来了……

我也有过这样糟糕的经历。还记得那天我的研讨会讲题是"高明的沟通方式"，身为讲师的我却在演讲时大脑突然一片空白，那时岂止是交流的问题，我连继续下去都很困难。

我现在已经不记得那个时候我都说了些什么了，但当时那种羞愧难当、无地自容的感觉深深地刻在了我的心里。

那么，遇到这类情况时，我们到底该怎么应对呢？

首先，当我们大脑空白时，我们可以选择先停下来，喝口水缓一缓。总之，做一些能让我们心情平复的事情。一般情况下，缓上一口气，我们就能平复下来了。除此之外，微微抬头，错开眼神也是非常明智的方法。总之，只要你稍微活动一下，就可以打破身体的僵硬状态。

若即便如此，你仍然感到大脑一片空白的话，我这里还有一个大招——尝试离开原地，活动手脚。你就放开胆子去走，一直走到心情平复为止！条件允许的话，你还可以尝试左右甩臂横着走，这个动作可以很轻易地化解你的紧张感。虽然在别人看起来，你的举动会有一点奇怪，但是这种欢快的律动可以让你的心情变得轻松愉悦。一般不会有人一边走还一边感到紧张的，所以你的心情会自然而然地平稳下来。接下来，你还需要撑开双臂做三次深呼吸。当你双臂紧绷时，你的呼吸也会随之变浅，所以切记，是要撑开双臂哦！做过几次深呼吸之后，你就可以彻底和紧张说拜拜了！

▶ 因突然被点名提问而大脑空白时

你也曾遇到过这样的情况吧，你本以为自己只是个听众，却突然被人点名："你怎么看呀？"然后一紧张，你的大脑就"死机"了。

这个时候，你要做的是尽快结束这段对话。"不好意思，让我再想想，我一会儿再说。"

反之，如果这个时候，你选择在那边"嗯啊"地强行整理思路，只会让别人更加关注你，你也会因此变得焦躁不安，说起话来结结巴巴，而这种体验于你而言将又是一次新的失败，甚至会给你留下阴影。所以，如果你能当机立断地结束这段对话，向你提问的人和周围的人都不会很在意，而你也无须再经历那种尴尬了。

划重点!　最糟糕的莫过于全程肢体僵硬!

专治头脑"死机"的"逃出生天法"

当众发言时

喝水压惊

转移视线

左右甩手走"螃蟹步"，或踱步

撑开双臂做深呼吸

突然被点名提问时

我等会儿再回答。  我可以回答下一个问题。

总之，想方设法离开这个"修罗场"！

6 原地蹦跳可秒杀紧张情绪

运动员喜欢的立竿见影的方法

▶ 跳跃时膝盖微屈能消除紧张情绪

当人们面临重大的演讲或发言场合时，无一例外都会感到紧张。虽然适度的紧张有助于提高注意力，但是过度的紧张就会影响到我们的临场发挥。在这种情况下，我们可以选择事前先跳跃放松一下。可以的话，轻跳三次为最佳。

这个动作的效果之所以如此显著，是因为我们在落地的时候膝盖一定会弯曲。我们的身体构造是很神奇的，弯曲的膝盖一定可以让我们紧绷的身体放松下来！如果你顾忌他人的目光，也可以去没人的地方跳。跳完之后，你的心情就会平复下来。当然，如果你不喜欢跳跃时发出的声音或不喜欢跳跃，那你也可以尝试去晃动膝盖，做出跳跃的样子。总之，放松关节才是我们的目的。同理，你还可以尝试微屈手肘，因为手肘伸得过直也会加剧紧张感。总之，一定要记得时常去放松膝盖和手肘！

▶ 跳跃也有下移重心的效果

我们经常会看到运动员在赛前进行原地跳跃，因为这种动作不仅能帮助他们缓和赛前的紧张情绪，还有利于下调他们因为紧张而上移的身体重心。

人体的重心一般位于肚脐眼下方三个手指横向并拢处的丹田位置。当我们的身体处于放松状态时，重心会保持在丹田处，所以我们能够做到身体平衡和内心平静。但是，一旦我们感受到紧张，也就是所谓的血液上涌时，我们的重心也会随之上移。这就会导致我们可能从后颈、肩膀到手腕处都会用力，甚至可能会出现脚步虚浮或者膝盖变硬的情况。此时，因为情绪紧张而僵硬的横膈膜会升高挤压肺部，进而导致我们的呼吸变浅。

因此，想要缓解紧张情绪，就必须下移重心，稳定下半身并且加深呼吸。而对此，最行之有效的方法便是跳跃了！

划重点！ 重心回归，方可身体平衡、内心平静。

秒杀紧张情绪小妙招：
事前你就跳一跳

跳一跳啊！跳一跳！

弯曲膝盖可全身放松

下移重心可精神放松

横膈膜下压做深呼吸

7 用石头布运动来击退紧张情绪

良好的手脚血液循环有助于发挥最佳水平

▶ 张开紧握的手来消除紧张情绪

我们在考试或面试开始之前的那段等待的时间里，会感受到紧张的情绪在一点一点地上涌。这个时候，如果我们想要消除紧张情绪，可以尝试一下做手掌张合的石头布运动。

"就这？就行了？"也许你会觉得匪夷所思吧！

但事实上，当你处在紧张状态下时，你的手会不自觉地发力握紧，而紧握的双手又会加剧你的紧张，进而导致你的双手越发用力，如此循环往复，你将苦不堪言。所以，你必须先解放双手。

如果是平时让你做石头布运动，那定然是轻而易举的。但当人处在极度紧张的状态下时，手指关节会因僵硬而很难打开。所以一开始的时候，你可以尝试着先慢慢地张开双手，待完全张开之后再紧握成拳。在不断反复的过程中，你的血液循环会得到改善，双手也会因此变得暖和起来。

另外，按摩也能够有效地化解紧张情绪。虽然我也会经常给自己按摩，但是我并不在意是否按压到了穴位，因为通过搓手或者揉手就可以达到缓解情绪的效果。同样行之有效的对策还有做脚趾石头布运动和踮脚运动。此外，旋转脚踝也能帮助我们舒缓情绪。总之，我们可以通过这些动作来刺激我们的手脚，使我们的手脚回暖，便可以达到缓解紧张情绪的目的了。

▶ 应试生要更加注意保暖

如果各位是备考生，考试时间又是在寒冷的季节，我希望你们可以多多使用暖宝宝。一旦考生们感到紧张，他们的血管就会收缩，继而出现手脚冰凉的现象。基于此，考生们可以在衣服两侧的口袋里各放入一个迷你的暖宝宝来暖手。当然，若没有暖宝宝也没有关系，考生们还可以选择手捧一杯热饮来驱寒。暖手的同时也不要忘记做一下脚部运动哦！

如果能始终将促进手脚血液良性循环的方法和动作牢记于心，又何惧因紧张而导致发挥失常呢？

另外，对于那些容易极度紧张的人，我还想再多叮嘱一句：你们一口冷饮也不要碰！

　　因为一旦你们的身体受凉，你们体内的交感神经和副交感神经的平衡就会被打破，这会导致你们比平时更容易陷入紧张情绪。所以无论是寒冷的季节还是炎热的夏季，热饮都是你们的上上之选。

划重点！　　切记，紧张与寒冷互为"养分"。

让手脚变暖，让紧张感消失

进行手上石头布运动

搓搓小手，揉揉小手

用暖宝宝暖手

手捧一杯热咖啡之
类的热饮

进行脚趾石
头布运动

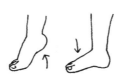

上下活动脚后跟

旋转脚踝

借助几个动作摆脱危机的诀窍

诀窍 1 **当心脏开始剧烈跳动时**

将手心朝上可以缓解你的紧张情绪，让整个人放松下来。

诀窍 2 **当双腿打战时**

可以通过微微分开双脚来稳定下半身，不必被礼节所束缚！

诀窍 3 **当双手颤抖不止时**

手里抓住一些东西。实在不行，你也可以抓住自己身体的某个部位。

诀窍 4 **当声音发抖、声高音虚时**

将下颌微微抬高，呼吸道打开后声音自然会变得轻松悠然。

Part

3

谈吐变从容的
超简单方法

——当众发言的前篇

| 出场之前的候场状态至关重要

动一动就不会那么紧张了

▶ 身体僵硬会导致神经高度紧张

我们已经在本书的第二章中学习过在面试或考试开始前的等待时间内有效应对紧张情绪的方法,那么,在本章我们将共同学习如何在当众发言前调整好状态。

候场时,你会特别紧张,还是会特别放松?毫不夸张地说,你候场时的状态将直接影响到你的临场发挥。诚然,从守礼节的方面来讲,候场的时候最好一直规规矩矩地坐着。但若从缓解紧张情绪这个角度出发,这个姿势是不可取的!

尤其是候场时将双手握拳放于膝上,肩膀向内紧缩并将双手夹在两腿之间的姿势,即便这看起来很规矩守礼,却是绝对不可取的。因为握拳表示你正在忍耐,如果这个动作持续下去,就会影响到你的血液循环,继而导致你的身体变得僵硬。而紧缩肩膀、双手夹在两腿之间的姿势也会让你的身体向内紧缩。

无一例外，你做出的这两种动作都会让你感到紧张。而且，那些紧张体质的人还往往会在上场前拼命地看资料或原稿，熟记里面的内容。在整个候场期间，他们全部的注意力都放在自己身上，而且脑子里想的全部都是"我一会儿一定不能出错""我说话不能打结"。然而，导致他们紧张的恰恰就是这种焦灼的备战状态。

▶ 活动身体来驱赶紧张情绪

故此，缓解紧张情绪最立竿见影的方法就是来回走动。不过，如果你所处的地方不是很方便，那你可以假装去厕所，在去的路上走动走动。当然，前文中提到的转脚踝、石头布运动和原地蹦跳也能继续在此时发挥作用。

总之，你平时注意多放松活动身体的话，就不会一遇事就紧张了。虽然说来很奇怪，但是那些经常性抖腿的人往往都不太会容易紧张，反而是一直静坐的人最容易紧张。

平时，在开讲前，我一般都会去和周围的人或负责人闲聊。虽然他们会担心我，说："你不要再准备准备？"但我心里明白，和他们的闲聊才会让我放松，这其实也是一种准备。

当然，闲聊一般都是在你做好充分准备之后才进行的，不过与他人的闲聊也许会直接让你忘记紧张这回事。如果你能通过这些动作在当众发言时保持平常心，那你的紧张状况也将大大改善。

划重点！　切记，不要给紧张情绪可乘之机！

有效调节待机时的紧张状态

 从头到尾紧绷绷

碎碎念个不停:
"不要紧张""放轻松"

低头静坐看资料

 让自己动起来

假装去上厕所，走动走动

和周围的人闲聊

2 提前掌握缓解紧张情绪的动作是大有 裨益的

坐着或站着时都要分开双脚

▶ 站立时身体向前微屈

你注意过自己在当众发言时的姿势吗？

讲话时的姿势也是很重要的。你可以尝试一下双手于背后交握或者双手下垂交握于身前的姿势，这种姿势是不利于你讲话时缓解紧张情绪的。因为这种姿势是一种紧绷性姿势，采取这种姿势会致使你的肩膀或后背变得僵硬，进而引发高度的紧张，所以，选择恰当的讲话姿势尤为重要！

正如前文所述，当你站立时，你可以轻轻分开双脚，脚尖朝外，微屈膝盖。当然，你也可以将手抬高至与心窝同等高度处。另外，当你手拿话筒的时候，你可以尝试采取微微撑开一只手臂的动作。虽然有些人习惯用夹住两臂，双手紧握话筒的姿势来发言，但这种姿势并不利于我们讲话，只有张开手臂才会让我们拥有一个比较放松的状态。

与此同时，你还可以尝试将上半身向前倾斜 10 度左右。这样一来，腰部周围的骨头和肌肉便都能够得以放松，你也可以更好地去使用腹部发声，这时你发出的声音将会更加地柔和。虽然平时我们直立就可以将声音传播出去，但是身体微微前倾可以让我们发出的声音更加温和，也更加具有穿透力。在听众看来，这种方式的演讲更像是一种亲切的交流。

一般情况下，人们在讲述重点时身体会下意识前倾，仿佛是在提醒你"嘿，重点来了"。而且，你会发现大部分的歌手在唱歌时，都会伸出一只手并前倾身体。那是因为这种姿势更易于他们发声，也会让台下的听众产生一种歌手正在为自己而唱的幸福感。由此可见，这个动作绝对可以有效缓解紧张情绪，所以你们一定要记得尝试一下哦！

▶ **坐着时双腿也要分开些**

接下来的这个坐姿可能与女性礼节并不相符，但是出于优先缓解紧张情绪的原则，女生们在坐着时也可以试着将双膝分开一拳左右，双脚呈外八字放置。不过，女性在做这个动作的时候最好是穿着长裤或者较长的喇叭裙。如果你此时穿的是短裙，坐下来时需要将双脚前后错开放置。这种坐姿对于缓解紧张情绪是上上之选。如果你面前有张桌子，你也可以尝试撑开双臂，一只手手心朝上放在桌上，另一只手握住话筒讲话。

划重点！　比起所谓的礼节，缓解紧张情绪才是当务之急。

你该知道的缓解紧张情绪的
最佳姿势

站立时

手于背后交握

双手下垂交握
于身前

身体前倾，撑开双臂，
单手拿话筒

坐着时

双膝并拢，脚
尖朝前

膝盖分开一拳左右，
脚尖外八

穿短裙时，双脚前
后错开放置

双臂张开，一只手
手心朝上放在桌上，
另一只手拿话筒

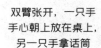

3 下颌微微上抬给人微笑的感觉

注意：不要假笑，那会很僵硬！

▶ 难以露出自然的微笑

舒服的聊天状态应该是你一边面带明亮的微笑，一边与对方交流。但是，当我们处于紧张的状态时，展露自然的微笑就变成了一件遥不可及的事。这个时候，切记千万不要用假笑来应付场面！因为强行微笑只会让你的表情变得僵硬，你的脸颊和眼皮会微微地抽搐，虽然你看似咧开了嘴角，但其实你的眼睛里没有笑意。而且，你那尴尬的表情也会让对方感到无所适从。

真正让人舒适的微笑应该是下颌微扬 15 ～ 25 度左右的微笑。比如当我们高呼"万岁"时，我们会自然而然地仰头并微抬下颌，那个角度就是最自然的 15 ～ 25 度。下颌微扬会给人嘴角上扬的微笑之感，反之，低头时嘴角处的阴影加重，会给人一种嘴角向下在生气的感觉。换言之，这便是利用视觉上的错觉来营造微笑之感，而且下颌上扬还有利于自然发声，所以这可谓是一石二鸟。

▶ 检查一下眼部肌肉是否松弛

表情上的伪装是远远不够的，为了能够让我的学员们露出真正自然的微笑，我还指导他们进行了表情肌的训练。在指导过程中，我会让他们画出各种各样的表情，比如微笑、面无表情、愤怒、哭泣等。接着，我让他们去仔细观察那些表情，然后他们很快就会发现嘴角有笑但眼里无光会是何等惊悚的表情。

我所强调的"真正的微笑"应该是眼睛弯弯像月牙，眼角处尽显笑意的微笑。不过，下意识去做这个表情是很难的。因为我们现代人终日与手机、电脑为伴，眼睛周围的肌肉缺乏锻炼，所以眼部肌肉开始松弛，表情也因此变得匮乏。

你担心你也是这样的吗？

我们来稍微检查一下吧。

首先，你要将脸朝向正前方，并在脸颊的左右两侧竖起食指，由近向远进行移动，然后观察你的指尖。一般情况下，我们可以看见左右 180 度的东西。所以，如果你没有 180 度，那就说明你的眼部肌肉已经开始松弛了。

划重点！　真正的微笑是嘴角有笑，眼里有光。

绽放自然的微笑吧！

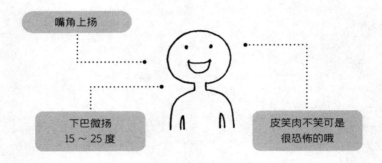

嘴角上扬

下巴微扬
15 ～ 25 度

皮笑肉不笑可是
很恐怖的哦

**你的眼部肌肉松弛了吗？
检查一下你的视角宽度吧**

看得见！

左右 180 度而已，小意思！

4 提前准备好你的开场白模式

事前准备好开场白能让你安心

▶ 顺利度过你的前三分钟

你开场的前三分钟决定了你的成败！如果你能按照自己的节奏顺利地度过前三分钟，那么接下来你就会变得轻松而愉快。因此，你一定要慎重思考你的开场白，然后做到烂熟于心。

试着想象一下，你手持话筒，站在讲台上，但糟糕的是，你站在那里，却突然说不出话来。这种还没做好准备却要开口发言的紧迫感最容易使人紧张。所以，为了给自己争取些准备的时间，你可以在开口之前先环视台下一周。不过还有很多人会在沉默环视的过程中感到紧张，对此，我们可以先做一个深呼吸，平复过情绪之后再开口讲话也不迟。然后，我们就可以按部就班地进行寒暄，做自我介绍，最后步入正题。

"大家中午好，我是×××，今天我演讲的主题是'高明的沟通方式'，请大家多多指教！"

▶ 用对话式演讲营造一体感氛围

当然，如果你能在其中穿插一些与主题相呼应的话题，演讲的效果会更好。而且，在你进入演讲状态之前，你还可以铺垫一些与之相关的天气或季节的话题作为引子。

"今天真是个好天气啊！"

"明明是梅雨季节，却滴雨未下，想必农户们要发愁喽！"

"马上就到圣诞节了呀！"

总之，只要能与台下的听众产生共鸣，讲什么都可以。

"感谢今日各位冒雨前来，我真是太感动了！"而像这种感谢的话则会给听众留下更好的印象哦！

随着你渐渐进入状态，你还可以插入一些电视上或者时事中的热点话题，不过千万不要涉及容易踩雷的运动、政治和宗教等敏感话题。

一般情况下，当我演讲的时候，不管有没有话筒，我都会举臂挥手向最后一排听众高声询问："坐在最后面的朋友，你们能听到我的声音吗？"这种积极互动营造出来的一体感氛围可以有效地缓解我在台上的紧张感。而且，由于挥手的姿势可以打破身体的僵硬，所以我能够很快地放松下来。

以上就是我一直以来使用的开场白模式。各位读者也请尝试寻找出适合自己的开场白模式吧！

划重点！ 拿下开场，顺势而为，稳住全程。

基本的开场白模式

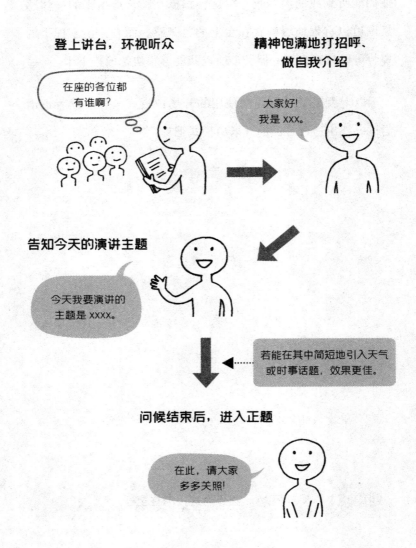

登上讲台，环视听众

在座的各位都有谁啊？

精神饱满地打招呼、做自我介绍

大家好！我是 xxx。

告知今天的演讲主题

今天我要演讲的主题是 xxxx。

若能在其中简短地引入天气或时事话题，效果更佳。

问候结束后，进入正题

在此，请大家多多关照！

避免使用生僻词汇，保持原有说话风格

强行使用生僻词汇会让你紧张

▶ **使用生僻词汇是你紧张的根源**

你是否坚信在人前讲话就一定得严肃慎重？比如在寒暄的时候，你会说："感谢各位于百忙之中拨冗前来，实在不胜感激！"不过像这种繁复的话你若是能够做到张口即来倒也无妨，可若是不然，这种必须慎重讲话的想法不仅会让你紧张，而且说起话来也会出现结结巴巴、缺词少句的现象。这种讲话磕磕绊绊的状态还会加剧你的紧张，使你的怯场症更加严重。

与其如此，我们不如使用简单的开场白。

"感谢大家特意抽出时间来出席我今天的演讲！"

这样一来，不仅能让听众感受到你的自然随性，你自身也能够放松下来。其实，听众也并不喜欢你讲的那些晦涩难懂的话或生僻词汇，因为这也会让他们感到不舒服。所以，只要你用词文明，平时常用的那些话就可以充分地传达你的观点。只要你用心去表达，按照你平时的措辞和说话方式就可以了。

▶ 大可使用简单易懂的词汇

很多人习惯在演讲或发言时特意去使用专业用语或者外文，甚至强行使用一些复杂词汇，因为他们觉得这样更能彰显出自己的水平，让他们看起来更加学识渊博。对此，我经常会让大家思考这样一个问题。

"你们说，为什么池上彰[①]老师的解说就那么容易懂呢？那是因为老师说的都是小学生也能听懂的话。"

听到这儿，各位肯定都有所感悟吧。池上彰老师之所以能够在新闻解说界中大放异彩，拥有超高人气，就是因为他

[①] 日本知名媒体人，畅销书作家，著有《赢在残酷世界的沟通力》。

一直用简单易懂的语言来解说复杂的问题，让人一听就懂。一味卖弄生僻难懂的词汇不仅不会让听众佩服，反而会让他们感到厌烦，进而对你所讲的内容充耳不闻。如此一来，你会开始迷茫，不知道自己究竟是为何而站在台上，而听众的厌倦模样也会让你心生焦躁，越发不安。

　　所以，尽可能地使用简单易懂的词汇吧！

划重点！　切记，用日常语言去简单地沟通交流！

像平时那样便好！

使用生僻词汇

> 我援引荐举 xxx。

措辞郑重化

> 我将致以诚挚的谢意。

拽洋词或专业用语

> 请提出各位的计划!

像平时那样去用词和说话

> 我推荐 xxx。

> 太感谢大家了!

使用通俗易懂的词汇

> 请大家列出自己的计划。

6 视线跟随身体转动，对话聊天一对一

一对一的眼神交流可缓解紧张情绪

▶ 合理分配视线，巧妙推动对话

有些人为了避免在当众发言时与他人进行眼神交流的尴尬，会选择一直看着地面或者左看右看地避开他人的视线，但这样反而会让他们的紧张状态暴露无遗。所以，合理分配视线也是缓解紧张情绪的重要一环。

当你登上讲台的时候，你可以先环视台下一周，做个深呼吸之后再开始进行寒暄。到此为止都没问题的话，接下来，你可以高举手臂向最后一排的人打招呼："最后一排的朋友们，能听到我的声音吗？没问题吧？"

虽然，刚才的询问是你为了缓解紧张情绪所为，但其实它还有别的深意！因为一般情况下，坐最后一排的人通常都对演讲内容不感兴趣，你的一句询问就相当于在提醒他们："嘿，注意听啊！"所以这个举动可以把他们的注意力拽回

现场。

当后排有人回复你"听得到""没问题"的时候，你不仅可以借此确认今天都来了哪些人，还可以将自己的视线从最后排一排一排地以 Z 字形收回来。

▶ 一对一进行眼神交流

基本上，当你进入主题后，你的视线会停留在台下正中间附近的位置，就是从前往后数第三排左右。因为此时你的视线是朝下的，所以你不要将视线停留在第一排。

首先，你需要选择与台下某位听众进行眼神交流，并且要与听众们打造出一对一的交流关系，这种一对一的交流关系可以有效缓解你的紧张情绪。演讲时，当你说完一两句话后，你可以将视线转移到下一个人身上，然后继续一边对视一边演讲。切记，视线转动时，身体也要跟着转动。有些人会在对视的时候只转动脑袋，这就会给人一种冷冰冰的感觉。

我曾在研讨会上对我的学员这样讲："学校的老师和外面辅导班的老师的区别在哪儿？区别就在于学校的老师在看

向学生的时候只转动脖子，而外面辅导班的老师则是转动全身，一对一进行交流。"外面辅导班的老师通过这种动作强烈地表达出了他们渴望被理解的心情。

所以，只要在场人数超过两人，那不论人数，无论你是站着的还是坐着的，都理应让身体跟随着视线一块儿转动。这样一来，你发言的内容就会更加具有说服力。而且，完全一对一的交流关系也能有效缓解你的紧张情绪。

划重点！ 一人应付多人时才会紧张。

基本的视线分配法和视线交流法

首先，和最后一排
的人搭话

视线从左到右，从后
往前，Z 字形收回

演讲时，视线停留在
第三排左右

说完一段话后，与下一个
人进行对视，继续演讲

转移视线的时候身体
也要转动

7 当众发言也是一种双向交流

换位思考，放松交流

▶ 单向交流的感受会让你紧张

当你当众演讲还未进入状态时，你容易出现单方面输出的情况。这时，你不会去尝试换位思考或者确认对方是否听懂了你所讲的内容。然而，如果是一对一聊天，你就会一直关注着对方的反应。当你感觉到对方不太理解你的时候，你会尝试去改变说话方式，或者通过列举大量的例子来让对方理解你所表达的内容。甚至有时，你还会连比带画，改变声音去表达。

其实，当众发言和一对一交流基本是一样的。只要有聊天对象在场，就可以构成双向交流。所以，你必须养成这个意识——无论是演讲还是当众发言都需要双方互动，这都是一种双向交流。这样一来，你会慢慢地去改变自己在当众发言时的语言艺术，怯场症也会随之改善很多。

▶ 换位思考，体谅对方

交流的核心只能是对方，因为传递信息才是交流的目的。然而，当发言者面对众人时，往往会因为将众人视为一个大团体，而容易忘记交流的本来目的。由于发言者视自己为这场发言的核心，所以他们满脑子想的都是"我必须好好讲""必须把准备好的内容刻在脑子里"，但这样反而会让他们感到紧张。

"我讲的会不会有点难啊？"
"大家听得开心吗？"

发言者若能够像这样去换位思考，为听者考虑，也许就不会那么紧张了。

此外，将一对多调整为一对一也能有效缓解发言者的情绪。因为这时，你心中始终有一个强烈的声音提醒你，不要漠然地面对众人，交流才是真正的目的！因此，在开场的寒暄结束进入主题之后，你需要按部就班地开启一对一聊天的交流模式。

划重点！ 视自我为核心者，必被紧张滋扰！

因为把自己放在首位，
所以才会紧张！

 把重点放在自己身上

我得展现出我的魅力。

我得把准备的内容记熟。

可不能紧张。

 把重点放在听众身上

大家听得开心吗？

大家听懂了吗？

对大家有启发吗？

8 点头配合你的人就是你的同伴

越早找出你的"托儿"，越早放松神经

▶ 首先找出点头配合你的人

如前文所言，在当众演讲时，你可以将自己的视线停留在第三排左右的位置。然而，在对视的过程中，你若能寻找到点头回应你之人或向你微笑之人，那你也无须纠结排数，请直接锁定那些人。因为那些配合你演讲的人就是你的同伴！你越早在人群中找到他们，就越有利于你调整状态。

注意！无论演讲经验多么丰富的人，他们都需要有人配合，也同样享受被人回应的感觉。反之，当发言者发现听众满脸都写着毫无兴致或者冷淡地双手抱臂时，他们就会被那种冰冷的情绪所伤害，继而变得紧张不安。

我也曾作为听众在他人的演讲会现场体验过这种感觉。当时的讲师是一位极有名气的老师。坐在台下时，我发现只要我积极地点头回应，老师就一定会将目光锁定在我的身上，看着我演讲。演讲结束后，我去休息室拜访了那位老师。老师竟十分感激地对我说："谢谢你听得那么认真！"由此便可以看出，那些愿意点头回应之人于发言者而言多么珍贵！

▶ 或者找一个托儿来帮你"捧哏"

当你无论如何都紧张得不行或缺乏自信时，若条件允许，你甚至可以找一个托儿来帮你"捧哏"。

回想我人生当中的第一次研讨会发言，当时我为了缓解不安，就请了我的挚友来当我的托儿。研讨会期间，坐在最中间的挚友一直在大大点头或微笑鼓励，总之挚友全程都在配合我。

托友人的福，我轻松且顺利地完成了那次发言。

如果你能够做到与在场所有的人都进行良好的眼神交流，那自然是再好不过。不过那是演讲大佬才能有的操作。所以，一开始时你不妨先找出一个愿意配合你的人。记住，尽早找到那些好意回应你的人，然后锁定他们来跟进你的演讲。

> **划重点！** 有人打配合，何不趁东风！

找准“队友”，事半功倍！

9 轻松的聊天氛围能让人放松

与对方一同打造轻松的氛围

▶ 引导对方加入话题

在参加研讨会或演讲时，我最关心的就是"营造氛围"。简单来讲，就是指要营造出一种可以吸引听众注意力，进而便于双方交流的氛围。

我以前就曾有过相关的经历。当时我受某业界邀请举办一场演讲，演讲时台下清一色地坐着一群 60 多岁的管理层大叔。那些听众是我以前从未接触过的类型。他们不苟言笑，甚至还有人在台下睡觉。因为他们中大部分的人并非冲着我的演讲主题来的，只是应业界要求，义务性地出席一下，所以当时现场的氛围一度极其尴尬。

如果我们没能在开场的前三分钟抓住听众的注意力，那我们接下来肯定会因为紧张而进行不下去。所以，虽然当时我有一瞬间感到焦躁，但我转瞬便想到了破冰的方法。

"现在请大家站起来，两人一组地互相做自我介绍！"

恰巧那天我的主题就是"行为交流"，所以我正好把这个破冰活动作为引子。听到我的话后，睡觉的人也只好无可奈何地站起来，吵吵嚷嚷地介绍起了自己。在他们做自我介绍的时候，我会走到他们身边与他们搭话，或者给出一些意见。就这样，现场的氛围一下变得活跃起来。

只要我们能像这样去引导对方加入话题，增加彼此之间的互动，就能创造出轻松的现场氛围，而良好的现场氛围则更有利于讲师顺利地推进演讲。所以，我的演讲习惯是在一开始的时候提升现场的活跃度，等大家都进入状态之后，我再开始演讲。

▶ 用询问来营造氛围

当然，也会遇到听众不配合的时候。这时，我们可以通过询问来营造氛围。比如说，你可以先问候一番："大家中午好呀！"再短暂地停顿一下，接着便应该会有听众回应："老师中午好！"当回应你的人寥寥无几时，你还可以继续询问，比如："大家怎么这么没精打采的呀，不会是因为午饭后犯困吧？"

一旦你一言我一语，能像投接球一样地互动起来，现场的氛围就会慢慢地变得热烈起来。我平时开场时常用的那句套话"最后一排的朋友，你们能听见我的声音吗"其实也是营造氛围计划里的一环。由此可见，询问也不失为营造氛围的一计良策。

划重点！ 与他人一同打造"众乐乐"的聊天氛围。

调动积极性，创造好氛围！

提高全员互动性

现在，请大家尝试互相介绍自己！

与听众进行动态交流

大家中午好！今天可是个难得的好天气啊！

向听众抛出问题

你是怎么想的呢？

10 动态讲话会使人放松

积极活动手脚，缓解紧张情绪

▶ 身体放松，情绪便随之放松

如前文所言，当你在休息室候场时可以通过活动手脚、放松身体来缓解紧张情绪，其实这个方式同样适用于当众发言的情况。因为长时间保持一个姿势会让你的身体变得僵硬，情绪也会随之变得格外紧张。而且更糟糕的是，紧张的情绪会加剧身体的僵硬，而僵硬的身体又会滋生出更多的紧张情绪，从而使你陷入一个恶性循环中。为了打破这个负面情绪的循环，我们需要反其道而行之——通过活动肢体来打破身体的僵硬。其中，效果最为突出的方式还是走路。

也许就有人要问了："那我一边讲一边走也行吗？"我的回答肯定是："行啊！"无论是边走边讲，还是沉默着走几步后顿一顿再讲，都是可行的。不过，切记走路时要气定神闲，不要慌慌张张的。比如，你可以在讲了几句话之后停顿一下，向左或向右踱步，然后停下，将视线自然地停留在某一个听众身上，接着再继续从容地讲下去。总之，你需要熟练掌握演讲、停顿、踱步之间的节奏。行走式演讲本身是很常见的一种演讲风格，所以不会有人猜到你在台上走来走去是为了缓解发言时的紧张情绪。

▶ 使用手势需注意对方年龄

除此之外，使用手势也可以有效地缓解紧张情绪。不过，注意不要在年轻一辈的面前使用太过夸张的手势。尤其当你面对年龄在 10 岁到 35 岁之间的听众时，更要注意使用一些小幅度的手势。与此相反，当你的听众是一群平均年龄在 60 岁以上的老一辈时，还是推荐使用一些幅度较大的手势。

之所以会有这种差别，完全是基于对不同年龄层听众眼睛机能的考虑。如果我们注意观察就会发现，老年人会经常辅以手势来聊天。因为他们想要尽可能地让对方明白自己的意思，所以会不自觉地加入手势来辅助表达。

而年轻人则不然，他们拥有一双明亮的眼睛，当你向他们做出太过夸张的动作时，他们只会接收到一种压迫感。所以不得不说，不同年龄层的人在对手势方面的理解上也存在很大的年龄代沟。因此，人们在跨年龄层使用手势的过程中总是会产生许多碰撞。这样来看的话，使用手势似乎是一件极容易踩雷的事情。但是万变不离其宗，只要我们能够针对不同年龄层的人使用不同的手势，就可以避免尴尬的局面出现。

划重点！ 手势使用幅度：年纪小则小，年纪大则大。

动一动能放松身体，放松情绪！

 始终保持同一个姿势讲话

救命！我可太紧张了！

悠哉地左走走、右走走

在演讲时加入手势

有三个原因哦！

停下来，用视线扫到一个和你对视的人，然后继续你的演讲

熟练掌握适合不同年龄层的手势艺术

要注意多停顿，留出间隔

观察听众的反应，用喝水把控节奏

▶ 对方厌烦你连珠炮似的输出

紧张体质的人说话都有一个显著的特征，那就是他们一旦打开话匣子，就会像机关枪一样说个不停。而对方则会因为完全插不进话，很快就会对话题失去兴趣，甚至会感到厌烦。所以，切记说话时一定要注意停顿。因为适当的停顿不仅可以帮助对方理解你表达的内容，更有助于发言者舒缓自己的情绪。不过，还没进入状态时的沉默确实又是那么地令人窒息。有些人为了避免这种尴尬，就会像连珠炮似的说个不停，或者养成了说话时常带"嗯……""那个……"的习惯。

一般情况下，在说完 50 ~ 100 字的话之后停顿一下是最为合适的。因为这个字数比较符合简短的口语表达习惯。你可以试着在电脑上敲出这个字数的文字，最多也就几行。当你说完这几行字的话之后，可以停顿一下，去注视对方。一旦你的话停下来了，对方势必要给予你回应。这样一来，你就可以确认对方是否明白了你的意思，然后你再继续说下去。像这样说话时留出间隔是最简单有效的方法。

除此之外，我们还可以通过喝水来把控演讲时的节奏。不过，你可千万别选那种玻璃制的超大容量水杯。因为人一旦陷入紧张，倒水时就很容易会因为手抖而把水倒洒。我一般都会选择矿泉水。只不过需要注意的是，在喝水的时候不要将瓶身扬得太高，与地面基本平行即可。你也可以选择在听众做热场活动的时候喝。

▶ **讲话要适当停顿，掌握节奏**

一旦你学会在说话时留出间隔，那么你的演讲便会充满节奏，而有节奏的演讲自然可以长久地抓住听众的注意力，继而使得听众对你接下来所要讲的话题越发充满兴趣。比如，"前几日，发生了这样一件事情！"当你话说到这儿停止时，会勾起对方的兴趣，听众会不自觉地倾身问："发生了什么事情？"

所以，如果你可以做到不畏停顿后的沉默，热衷于展示自己的语言艺术，那你就可以摆脱紧张情绪对你的束缚，彻底地展示出自己的魅力。

划重点！　活用停顿的艺术，展示语言的魅力。

有效的停顿可以打造出成功的演讲和发言

裹脚布一般又臭又长
的发言

每句话的前面都有
"嗯……""那个……"等口头禅

每次发言控制在几
行字内,停顿中观
察听众的反应

用喝水来制造停顿

在关键时刻突然停
止,长久的停顿能
吊足胃口

12 讲话应言简意赅

大量的短句输出更有助于他人理解

▶ 注意句尾清晰、断句分明

声音是个体自信的度量衡。如果一个人讲话时声音清晰洪亮，我们会感觉到他自信满满；反之，如果一个人说话小声怯懦，我们会觉得他缺乏自信。而怯场症患者更甚，他们往往会在他人反复询问"欸，什么？你再说一遍"的过程中，渐渐地丢掉自己的声音。所以，平时我们需要通过微抬下颌来适当地提高自己的音量。因为微抬下颌可以帮助我们打开呼吸道，让我们发出比平时大两倍的声音。此外，还需要注意说话要做到句尾清晰、断句分明。

通常，越是没有自信的人，越是容易说话拖音，含糊不清。他们习惯于连着说很多个"我认为"，并且在无数个"我认为"中失去自己的声音，所以总是会给人留下一种不太可靠的印象。这种说话方式是毫无说服力的。在听过这类人的发言之后，听众的心里只会产生疑问："他讲的靠谱吗？"

所以，我们讲话时必须干脆利落！

"我是××。""我是这样认为的。""我认为……"

一旦你讲话时能够做到句尾清晰、断句分明，那语言的说服力自然就会增强。与此同时，你自己也会由衷地感到安心："啊，我讲得可真好！"

▶ **措辞要短而简洁**

在前文中，我们提及一次性说话的字数需控制在 50 ～ 100 字，除此之外，我们还要注意应多以短句为主。如果单句过长，那么即便是发言人也会有思维模糊的时候，很有可能会边讲边在心里纠结："这样讲真的可以吗？""这是不是自相矛盾了？"这样一来，他们讲着讲着就容易出现说话拖音、含糊不清的情况。

因此，多用短句不仅可以防止发言者自己犯迷糊，也更方便听众理解发言的内容。现在，我们一起来看一下下面这个长句。

"如果你在为不知道该如何选择组队伙伴而困扰，不妨去仔细观察一下对方的眼神。"

然后，我们再试着将长句子改成短句。

"和谁组队好呢？你在为此苦恼吧！你可以仔细观察一下对方的眼神！"

不难发现，当我们将这个长句改成三个短句之后，不仅表达起来更容易，而且更方便让对方理解。所以，如果你想给人留下一个可靠的好印象，那就需要注意说话时声音要大，句尾要清晰，单句要简短！

划重点！ 简短、善停顿、节奏好的发言更受听众喜爱。

增强发言说服力的技巧

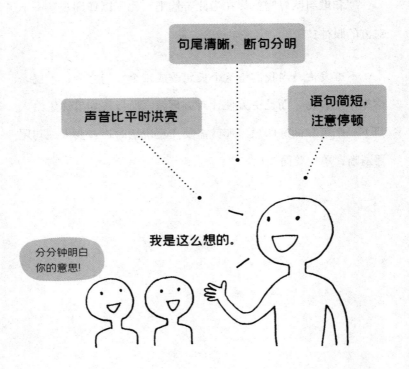

13 按照要点，分条绘制小抄

小抄是预防紧张的护身符

▶ 一字一句地背诵只会适得其反

每个人肯定都希望自己能流畅地脱稿发言。不过在你还未达到那种境界时，最好还是老老实实地准备好演讲稿。不过，我在此并不推荐各位将原稿一字不落地背诵下来。因为这种方式无法应对突发状况，而且一旦你稍有忘词便很难再进行下去，只能被困在那一两句里，徒感紧张袭来而无所适从。

我们可以按照要点来分条绘制小抄，即稿件。可以在一张A4纸上用易于我们阅读的字体来书写。这样一来，即便我们在发言时临时忘记了下一句话，也可以从条理清晰的要点中找出头绪。

这不是所谓的考试作弊打小抄，你完全可以将它作为概要分发给听众，也可以将它作为议题板书出来。提前准备好你的小抄可以预防突发情况的出现，让你免于陷入说话脱线或忘词的尴尬。而且，即便是你说错了或者跑题了，也可以坦率地修正回来："不好意思，刚才跑题了，现在让我们回到正题上来。"如此一来，你有保险在手，即便因为紧张而当场忘词也能够淡定地救回场面。

▶ 打小抄要光明正大，不要偷偷摸摸

我们偶尔会在演讲台上看到这样一类人：他们手里拿着一张写满了笔记的小纸条，一边飞快地晃动着脑袋扫视一边发言。这种方法是非常不可取的，因为这样的发言方式不仅会让听众感觉到你很慌乱，也不利于你阅读，有时甚至会出现读着读着就找不到下一句的情况。

当你只顾着低头阅读时，你便再无暇与台下听众进行眼神互动，而单向输出只会让你越发紧张。

反正你都要看，索性就正大光明地看！我们不是只有在忘词的时候才可以看，我们可以从头看到尾，每当一个主题内容结束后，就可以翻看稿件来敲定下一个内容。而且，如果你一开始就这么做，听众也只会认为这就是你的演讲风格。所以，你无须将看小抄视为一件丢面子的事情。而且，如果你偷偷摸

摸地看，听众反而会感到很别扭，反倒是你堂堂正正地拿出来时，听众会更乐于接受。

划重点！　一开始就要堂堂正正地看。

小抄分条写，正大光明地看

一字不落地背诵

用小字在小纸条
上写得满满当当

掩耳盗铃式地偷看

要点分条写

在 A4 大小的纸上，写
上易读的大字

大大方方地看，堂
堂正正地读

14 有效使用投影仪可缓解紧张情绪

注意讲解图像时的姿势

▶ 用图像来避开与听众的眼神交汇

现在，人们越来越喜欢用投影仪投射 PPT 的方式来演讲。投影仪已经成为演讲的重要工具，所以善用投影仪可以有效缓解紧张，推动演讲。这种方式尤其适用于那些一暴露在听众视线中就紧张的人。如果发言者能通过投影仪来避开听众的视线，那他们就可以免于陷入紧张状态，轻松应对演讲。

具体操作如下：发言者用靠近屏幕一侧的手拿着指示棒，发言时身体朝向听众，头转向屏幕。切记，要用靠近屏幕一侧的手来拿指示棒！当然，也有人会背对着听众发言。那些人认为背对式能够避开听众的视线，缓解他们的紧张情绪，其实不然，背对式只会加剧他们的不安。因为他们只能突兀地杵在原地，而且背对式不仅无法让他们观察到听众的反应，还会让他们因听众的视线感到如芒在背，继而越发心惊不安。

一般而言，大部分听众都可以清楚地理解 PPT 中的内容，所以如果发言者照本宣科地读，只会让听众觉得自己在接收重复的内容，实在太过无趣。时间一长，听众们就会丧失耐心，大家就会开始睡觉或者玩手机。这样一来，你也无法继续安心地演讲下去了。

▶ **讲解时你可以适当来回走动**

借助 PPT 的演讲也需要适可而止，你可以在讲到一半左右的时候起来走动走动，且可以边走边讲。

一般情况下，我站起来讲解 PPT 的时候，会注意不要将自己的影子投射到屏幕上。你可以通过开灯、关灯、来回走动等方式来调控现场演讲的节奏，这样一来听众也不会感到无聊，你也能够轻松地演讲下去。

由此可见，虽说 PPT 演讲可以有效缓解紧张情绪，但是你也不可以过度依赖哦！

划重点！ 你的演讲对象是听众而不是屏幕。

论PPT的有效用法

背对听众，一个劲儿沉醉
在自己演讲的世界里

全程借助 PPT 演讲

演讲时，头看向屏幕，
身体朝向听众

讲到一半后，起身开灯，
边走边讲

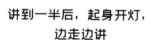

15 别读！把资料和摘要中的内容讲出来

时刻保持宽阔的视野，多与听众交流

▶ 单手拿摘要置于斜前方

当你在发言或开会时，你是怎样使用你准备的那些资料和摘要的？

很多人习惯将资料放在讲台上，低下头来阅读。其实，这种方法是很不明智的，因为低头阅读不利于发言者自然地发声，所以听众只能被迫欣赏一个好似在发言的头顶。

此外，那种为了躲避听众的视线，在演讲的时候把脸藏在文件后面的发言方式也是非常不可取的！因为这时，发言者会因为无法观察到听众的反应而更加容易紧张，台下的听众也会因为发言者的僵硬状态而感到不安："这人好像很紧张，没事儿吧？"

为了避免这一系列糟糕的情况发生，发言者在阅读资料的时候可以试着面向听众，单手拿着资料或摘要，并轻轻地撑开手臂将资料置于身体斜前方。这样的阅读姿势既美观又大方，绝对可以树立你在听众心里的良好形象。

▶ 不要一味地读，要交流互动

另外一个使用资料的技巧是不要单纯地读，要多交流互动。我们在做 PPT 演讲的时候就是如此，如果只是照本宣科地读，就会让听众感觉到无聊。同样，如果你只是把资料或摘要上的内容一字一句地念出来，那听众也是不会买账的，因为把资料带回家去看显然比在这儿待着听你念更舒服。

因此，绝对不要去毫无互动地念资料，要交流，要互动！比如，当你看到资料上写着"试着回顾一下商业谈判失败的原因，你会发现是因为'你没有将客户照顾周到'"时，你就可以用交谈的语气向听众讲解：

"大家有过商谈失败的经历吗？现在请大家回想一下当初自己到底是哪里做得不好，回想之后你也许就会发现，哦，可能是因为我当时考虑不周吧！"

在交流式的演讲中有两大典型的询问用语，一个是寻求同意的"对吧？"另一个是抛出问题的"……，各位不会这么想吗？""也有……的情况吧？"使用这些语句的好处是，你可以通过类似于建立互动的方式来抓住听众的注意力，让听众在不知不觉中加入话题中。

划重点！ 巧用两大询问用语，秒做演讲高能达人。

单手持资料或摘要，做交流式发言

将资料放在讲台上，
做低头一族

"文件在讲话"式
的发言

照本宣科式的发言

身体面向听众，
将资料拿于身体斜前方

去掉"读"的意味，多
交流沟通

撑开手臂，单手拿文件

109

16 单手打节奏，聊天变轻松

空出你的惯用手

▶ 你是左脑型还是右脑型

回想一下，你在 KTV 唱歌的时候是习惯用哪只手拿麦克风。

简单划分一下的话，喜欢用右手拿麦克风唱歌的人属于右脑型，喜欢用左手拿麦克风唱歌的人属于左脑型。这就和我们生活中有些人是左利手，有些人是右利手一样，大脑也分"左 / 右脑型"。右脑型的人固定住自己的非惯用手，用右手拿资料或麦克风空出左手时更容易发言。与此相反，左脑型的人在自己的惯用手右手空出来时能更好地组织语言。

一般来讲，右脑是"感性脑"，左脑是"理论或语言脑"。在女性中，右脑型的人居多。因为我也是右脑型的人，所以我在研讨会上演讲时一定会用右手拿资料，把左手空出来。因为一旦颠倒使用，就会在发言时语言不畅，紧张不安。虽然这听起来有一些匪夷所思，但事实证明用哪只手来拿东西，的的确确会影响到发言的流畅度。

那么，你呢？试着测一下自己是左脑型还是右脑型吧！当然，在二十人中大概会有一人是双利手哦！

▶ 把控好节奏，轻松聊天

如果你是右脑型，那你平时就要多用右手去拿麦克风、资料、指示棒等，而你讲话时那只空着的左手则需放松张开，手心朝上，或轻轻地上下敲打节拍，因为这样的律动可以缓解你在演讲时的紧张情绪。同样，伴随着节拍，你的演讲也会变得更加顺畅。

此外，还有人有过这样的经历。当他们站在台上时，会因为紧张而导致发言语速过快，甚至连他们自己也不太知道自己讲了些什么。当处在这种情况下时，我们可以像节拍器一样打拍子来调整自己的说话速度。慢慢地，听众也会被你的律动所吸引，进而更加认真地投入演讲话题中。

总而言之，像这样控制节奏式的发言绝对是有百利而无一弊的。所以，以后各位在拿资料或麦克风的时候，切记要用单手哦！

划重点！　　好的发言和唱歌一样，都需要节奏。

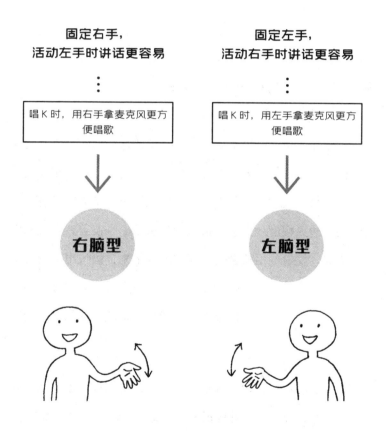

固定右手，
活动左手时讲话更容易

唱 K 时，用右手拿麦克风更方
便唱歌

右脑型

固定左手，
活动右手时讲话更容易

唱 K 时，用左手拿麦克风更方
便唱歌

左脑型

空出来的那只手要放松张开，
手心朝上，上下律动

17 大幅度地点头能缓解紧张情绪

点头带来的律动感能使演讲更加顿挫有力

▶ 发言者与听众均会感到轻松

我们在前文中讲过单手上下打节拍的这个动作可以有效缓解紧张情绪,防止语速过快的情况发生。同样,发言时大幅度地点头也可以起到这一效果。之所以这么讲,是因为发言者很难做到一边大幅度地点头一边快速地讲话。当发言者在大幅度地点头时,发言的语速会自然而然地慢下来,语气也会变得更有亲和力。当然,这个行为除了能让发言者看起来更加平稳安定,帮助他们把控语言的节奏,还能有效地缓解他们内心的紧张感。

当发言者边说话边大幅度地点头时,听众也会不自觉地跟着点头应和,而接收到听众积极反馈的发言者则能够更加安心、轻松地去进行演讲。听众因为发言者的点头加强了对发言者观点的认同,所以发言者的演讲会变得更加具有说服力,由此便形成了一个从"发言者认同"到"听众认同"的良性循环。这样一来，听众和发言者会处在一个"我们皆认同"的演讲氛围当中。

从行为心理学的角度来分析，"点头"这个行为包含有"我在听"的意思，它能释放出肯定对方、认可对方的信号。因此，边点头边发言的这个行为便拥有两层含义：一是表示演讲内容被听众认可，二是表示发言者认可自己的发言。故此，发言者在发言时便能够同时感受到安心和被信赖的双重感觉。

▶ **点头使声音更加抑扬顿挫**

当然，如果大幅度地点头于你而言很难，那你可以尝试小幅度地点头。通过点头，你的声音节奏会变得更加丰富，讲话也能够更加地抑扬顿挫、柔和自然。

一直以来，我都秉持着这样的演讲理念——

"大家每次讲话的时候，不妨试着将自己的听众看作老年人或者两三岁的幼儿。"

一旦我们怀抱着这种无论如何都渴望被对方理解的心情，

那我们就会无意识地开始边点头边讲话。既然这种讲话方式适用于日常生活，那么你便无须再去根据听众数量的多少来刻意调整自己的讲话方式。温柔且娓娓道来的演讲是我们永恒的追求！

划重点！　当你渴望被理解时，你就会不自觉地点头。

"点头式发言"的非凡效果

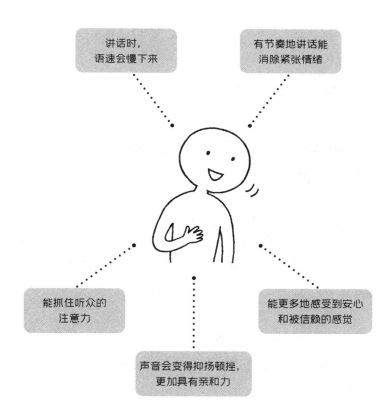

讲话时，
语速会慢下来

有节奏地讲话能
消除紧张情绪

能抓住听众的
注意力

能更多地感受到安心
和被信赖的感觉

声音会变得抑扬顿挫，
更加具有亲和力

18 坦言紧张可使人放松

表里如一的直率可以缓解紧张情绪

▶ 放下面子，直言"我很紧张"

当你因为极度紧张感到心脏都要跳出来时，不妨坦率地承认自己此刻紧张的心情。

"抱歉，我第一次在这么多人面前讲话，我有点紧张……"

"我有点怯场，所以接下来我可能会因为紧张，演讲起来磕磕绊绊……"

当你能够这样直率地表露自己时，你内心的顾忌和紧张都会化为乌有。因此，能否有一个坦率直接的开场可能会决定你整场演讲的成功与否。放下面子，坦率地承认自己的不足或者不擅长的部分也是缓解紧张情绪的良方。

反之，当你越是对紧张避而不谈、视而不见时，你就越是能感觉到身体的僵硬和神经的紧张。去承认它吧！让听众充分地了解你的心情，让他们成为你的同伴。

发言者的浑身僵硬和极度紧张往往不是他一个人的兵荒马乱，听众也会为他紧张，为他着急。听众也希望发言者能够放下内心的顾虑，直言自己紧张，相信他们会在发言者脆弱时给予其力量。

▶ **听众会体谅你的不足**

我参加过很多场研讨会和演讲，迄今为止我台下听众的总人数已经超过了 10 万人。

还记得一开始的时候，我总是无法顺利地进行演讲。后来，我恍然大悟，决定不再掩饰自己的紧张情绪，然后我惊喜地发现，听众给予我的竟是温暖的体谅和理解。

绝大多数人都不会是很刻薄的，当你提前告诉听众"我有些紧张，可能有讲得不太好的地方"时，他们大多数会选择原谅你和包容你。一旦你发挥得还不错时，大家一定会为你点赞："不错！稳住了！"

各个国家的人思维方式都不同。某些外国人以成功为前提进行演讲，他们担心如果在开场时直言自己可能无法很好地完成这场演讲，就会立刻给在场的人留下糟糕印象："这人不行啊！"其实，当我们紧张时直言"我很紧张"未尝不可。即便你失败了，事后也可以坦率地向听众们致歉"很抱歉，我太紧张了""刚才没发挥好"。总之，想方设法地调整好情绪才是当务之急！

划重点！　坦承自己的紧张，反而使你变得从容。

坦言紧张才可轻松应对

试图隐藏自己的紧张情绪

紧张加倍

陷入恐慌

我不能让人看出我很紧张……

坦率直言自己紧张了

肩膀放轻松，心情放轻松

听众也会支持理解你

我现在很紧张!

19 传达意识下的发言可助你放松

听众会回应你那颗想要传达的心

▶ 你为何而发言

人们之所以会在当众发言时感到紧张，最大的原因就在于他们要求自己必须言辞流畅，表意清晰。可是你想过吗，你到底为何而发言？你站在讲台上的真正目的就是你想要传达一些内容或思想。所以，能有效改善发言者紧张心态的方法就是，发言者在演讲时要始终秉持着传达的理念。当你明白了你为何而发言，你自然就能找准发言的节奏和语调。

当你心里在意的是听众是否能够听懂时，你就会去关注听众的反应。所以，一旦当你感觉到"大家好像有点不理解"的时候，你就会尝试着去换一种讲法，或者通过强调某些部分来达到传达思想的目的。

反之，如果你只是一味地想要做到表达流利，那你的发言只会越发平铺直叙。

当然，如果你是受过特别声音训练的播音员，那自不必言说，可若是一般人总想在发言时做到字正腔圆、自然流畅，那就未免有点自寻烦恼了。

▶ **你若愿传达，他则愿倾听**

我曾多次参加过为战争受难者和病魔对抗者所举行的演讲会。因为当时受邀的讲师都是些没有演讲经历的普通人，所以大家并没有特别稳健的演讲台风。演讲的时候，讲师们大多语调生硬，说错和自相矛盾的情况也常有发生。讲师们虽说没有高超的演讲技巧，但由于其表现出了真挚、热情，台下的听众依旧听得极其投入和认真。

我迄今为止接待过很多深受怯场症困扰的受访者。在给他们提供建议的时候，我会从易引发紧张的动作和内心想法等方面入手去讲解，而且我还会将那些动作和那种心理引导下所呈现出的演讲状态拍成视频放给他们看，让他们自己去感悟。

不过，万变不离其宗，殊途总要同归，话到最后我给出的建议永远都只有一个——

"要怀抱着强烈的传达意识去发言！"

这句建议可谓是我多年来实践心得的精髓所在。在此，我也恳请各位读者摒弃"我要表现到位"的错误观念，而将"我要传达到位"的这种理念刻在心里。

划重点！ 莫要因"得讲好""要表现好"迷失了方向，"要传达到位"才是发言正道。

必须树立传达意识！

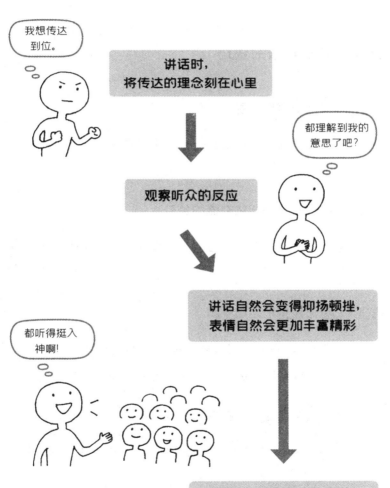

当众发言不紧张的诀窍

诀窍 1 : 开场要调动氛围，吸引听众

这是三分钟决胜局！一旦你掌握好节奏，就可以稳住不慌。

诀窍 2 : 打造一对一视线交流的关系

放松的关键是心里想着"我只是在与眼前的人聊天而已"。

诀窍 3 : 尽可能多地活动手脚

长期保持同一个姿势会让人身体僵硬，情绪紧张。此时，你可以走动走动，或有节奏地活动一下手和头。

诀窍 4 : 传达意识要常记心中

那里不是你的秀场，别忘了你站在讲台上的目的。

Part

4

谈吐变从容的
超简单方法

——一对一交流篇

I "扪心自问体" 可谓是万能姿势

给人留下好印象的法宝

▶ 它能展现出你的认真

你一定也有过这样的经历吧？在相亲或者求职等重要场合时，你往往会因为紧张而怯场，甚至语无伦次。其实，这种僵局用一个动作就可以立刻打破。

那就是"扪心自问"的动作。现在，请各位读者将你的一只手放于锁骨之下的平滑之处，通过轻轻地碰触来切身感受一下"扪心自问体"。

其实，我们现在碰触的这个位置是人体的要害之处。抚摸要害之处会让我们感觉到安全和安心，所以紧张感自然就会消失。一般来讲，人在感到如释重负的时候，会习惯性地安抚胸口，表示"这下安心了"，而这里面提及的胸口便是所谓的要害之处。当要害之处被保护起来的时候，我们会本能地感觉到心安。

这个动作的最大优点在于它不仅可以有效缓解你的情绪，还能助你给对方留下一个好印象。当你使用"扪心自问体"讲话时，会给对方一种你在努力倾诉的感觉。这种真挚的姿势能够打动人心，从而增强对方对你的信赖感。而且，女性在讲话中使用这个姿势，还会增加你们的可爱度哦！不过，可能这个时候男同胞们就要问了："可……我是男生啊！"那男同胞们可就多虑了，因为当人们在做保证——"这件事交给我了！"的时候，也经常会做出轻拍胸口做担保的动作，而这个动作则会让男性看起来格外值得信赖！所以无论你是女性还是男性，这个动作都可以称得上是相亲、求职的万能姿势。

▶ 要害之处切记要保暖

我发现紧张体质的人的要害部位特别容易受凉，所以各位平日要尽可能地加强这些部位的保暖。在穿衣时，尤其要注意尽量穿领口小的衣服，以确保能够很好地保护到胸口。小领口的衣服不仅可以有效御寒，还可以给你带来更多安心的感觉。此外，平日里你还可以通过按摩胸口来调节自律神经的平衡，从而达到改善紧张体质的效果。

而且，由于这里还有可以刺激女性荷尔蒙分泌的穴位，所以我会经常建议女性："这里有美肌的穴位，常按可以使你容光焕发哦！"通过按摩，我们的皮肤状态可以得到改善，情绪和内心可以得到安抚，继而可以使我们重新找回那份自在和轻松。

划重点！　　"扪心自问体"能助你获得内心的宁静和他人的信赖。

轻抚胸口，好处多多

将单手掌心放于锁骨下方
平滑之处

· 你会感受到安心放松
· 给人以认真讲话之感
· 可显示你的为人之诚
· 能增加女性的可爱度
· 能增加男性的可靠度

获得对方的好感和信赖

好可靠的感觉。

2

相亲时轻松聊天的诀窍

能让双方都安心的神奇姿势

▶ 将手肘放于桌上有助于放松

我在相亲中见过的最多的姿势就是将双手轻轻交叠放于桌上的姿势了。这种姿势看似能给人留下一种规矩知礼的印象，但其实它会让对方觉得你难以接近。因为这是播音员常用的一种说话姿势，它释放出来的信号是单向输出，无须回应！

正确的聊天姿势应该是当你在对面坐下时，将肘部放于桌面上，把手心展露出来，切记，不要去交握或交叠双手。这种自我表露式的动作能够释放出一种"我对你坦诚以待，我接受你"的信号。

展示手心有种向人亮底的感觉，表示你信任对方，对方也会因此向你敞开心扉，安心地坐下来和你聊天。此外，这一动作还能表明你有非常强烈的热情和积极性。而且，稳定的肘部能够帮助你保持上半身的稳定，而我们的内心也会因为上半身的稳定而变得坚定，谈吐也会变得从容。因此，这个姿势也适用于公司内的商洽或者工作上的商谈。

▶ 相亲时倾身低语会加分

像这样经过一番姿势调整之后，我们的神经和思绪会轻松舒缓很多，但是切记不要太过刻意地在心里对自己强调该怎么做，否则容易适得其反。当你们二人对坐时，你还可以尝试稍稍将身体前倾去靠近对方，说话时降低音调，营造出一种"我正在专心和你交流"的氛围。

相亲的大忌就是大声地和对方交谈，仿佛参加的不是相亲，而是一场盛大的演讲。且不论你们说话的内容到底是什么，你那夸张的音高只会让对方感到尴尬，无言以对。而且，越是事业有成的人，越容易将自己在职场上的讲话风格带到相亲活动中去，所以对这一点要格外注意。

另外，若你想要卸下对方的心防，让对方放松下来，还可以尝试下面这个动作。当你们相对而坐时，你可以采取将肘部支在桌子上、双手于下颌处交握的姿势来进行交谈。当你做这个动作时，你的双手是靠近脸颊的，由此一来，你从脸部、肩部到手腕处的肌肉都能得以放松，所以你的面部表情自然也会跟着变得柔和起来。

这个宝藏动作可以完美地释放出你愿意倾听和接纳的信号，仿佛你正在向对方说："我愿意倾听你的每一句话，所以在我面前你无须有所顾忌。"当对方接收到你的信号之后，便会更加愿意向你敞开心扉，更加想要积极主动地投入与你的聊天当中去。

划重点！ 轻松聊天的最大秘诀是别让对方紧张。

相亲进展顺利的要点

将胳膊放于桌上，
双手的手心朝上

这表示你愿意接受对方
的心意

身体前倾靠近对方

这表示你对对方
的关注

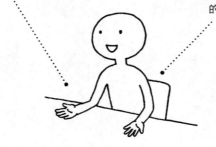

双手在下颌处交握

这表示你愿意倾听对方
所有的声音

对方放松了，你才能放松下来。

③ 不善言辞者可转攻为守

善于倾听者也是大受欢迎的

▶ 用适当的点头附和来攻下对方

善于倾听的人总是大受欢迎的，这一点在相亲活动中也不例外。虽然我们在聊天时很容易一个劲儿地疯狂输出，但是切记，认真倾听对方的声音才是开启顺利交流的第一步。恰当的交流比例应该是四六分：你四，对方六。若你想达到这个比例，那你就需做到在聊天时多多地点头来附和对方。

我们平时见面时点头的那种方式看起来更像是出于礼貌的寒暄，并不会拉近人与人之间的距离。我们要学习的对象是像护士或者幼儿园老师那样的人，他们在点头时喜欢将头微微倾斜，轻轻一点，这样看起来既温柔又亲切。因为这个动作给予了他人一种被人温柔以待的感觉，所以极容易在相亲时给对方留下很好的印象。

当你在聊天中渐渐放松下来之后，就不要再拘泥于

"嗯""欸"这类基础的附和了,你要更加投入地去附和对方,给对方创造出一种轻松随性的聊天氛围。你既可以颇有同感地去回应对方:"啊!那真是太糟糕了!"也可以像鹦鹉一样去重复对方说过的话:"对啊对啊!就是……"这种聊天方式会让对方感受到你的认真,进而更加愿意向你敞开心扉。

▶ 找出你们的共同点

与对方拉近距离最快的方法是找出你们之间的共同点。即便你们是初次见面,但一旦你们偶然从对方口中得知你们原来是老乡时,那接下来的聊天热情肯定是翻倍地高涨!所以说,如果你能找到你们之间的共同点,比如喜欢的食物或者兴趣爱好,那你们一定能够越聊越深入。

因此,你一定要积极地抛出话题,一旦抓住了哪怕一点点你们之间的共同爱好,你都可以去附和对方说:"看来我们是志同道合之人!""我们都一样啊!"这样一来,对方也会产生参与话题的兴致,聊天就能够更加顺畅地进行下去。

退一万步讲,如果你和对方真的没什么共同点,你也可以试着顺着对方的话讲。比如,当对方回答你"我喜欢电影鉴赏"时，如果你对此也并不排斥，那不妨就顺着对方说："我也喜欢啊！"这样一来，你就不用为找话题而时刻准备着，你完全可以同对方享受你一言我一句、话不落地的快乐。

划重点！　常言道"心急吃不了热豆腐"，切忌过分自来熟。

善于倾听者最善于抓住人心

点头大法的要点

 像平时那样
去点头

 微微歪头，
轻轻点头

看起来更像约定
俗成的礼貌行为

给人以"我愿温柔
待你"之感

附和大法的要点

 单纯地在一边
"嗯""哦""欸"

 中间要穿插同步调的、
高质量的附和之语，
如："同道中人啊！"

 嗯。 哦！

对方有一种被敷衍的感觉，
以致他想和你说再见

对方感受到了你的真诚，
自然就会很开心

4 人人都喜欢那双会说话的眼睛

猛闭双眼，猛地睁开

▶ 水灵灵的眼睛里充满活力

不管是求职、相亲、联谊，在任何场合的交流首先都要求你要展示出对对方话题的关心。这个时候，一双会说话的眼睛绝对会成为加分利器。常言道"眉目传情"，便是指那些人的眼睛水灵闪动，熠熠生辉，光彩夺目。

想拥有一双会说话的眼睛，其实也并非难事。无论你是细长的眼型还是戴着眼镜，都可以通过训练获得一双水灵灵的眼睛。不过切记，别戴隐形眼镜，那太危险了。

训练的方法也是非常简单的。首先，你先用力地闭上眼睛，20秒之后再猛地睁开。这时，你的瞳孔会放大，眼睛会变得水润，充满灵光。而当你用这样一双含情的眼睛注视着对方时，就会给人一种"我对你说的话很感兴趣""充满朝气"的感觉。如果你能拥有这样一双会说话的眼睛，那么无论是相亲还是联谊，你都能够魅力四射，所向披靡。

▶ 一度用力后放松可缓解紧张

同样，这套动作也能有效地缓解紧张。比如说，在求职面试临要上场时，我们会容易感到紧张。这个时候，各位就可以尝试做一下书中介绍的眼睛训练动作。这套动作可以有效驱赶身体里多余的紧绷感，我们的心情也能够随之得以舒缓。

之所以这套先紧后松的动作可以有效缓解紧张情绪，是因为当我们的身体因紧张过度而紧绷时，放松身体便会成为一件极其困难的事情，所以我们要反其道而行之，毕竟触底反弹，过紧必松！简而言之，当我们的肌肉过度紧张之后，一经放松，血液便会迅速回到原处，用力的部位则会因为血液的回流而变得温暖，这样一来，身体自然而然就会放松下来。所以，这套先紧后松的动作不仅适用于眼部，同样适用于手部。双手可以先紧紧握拳然后再猛地松开，类似于我们在前文中提及的石头布运动。

要说我们身体上还有其他像这样可随意控制的部位的话，

那就只有肛门了。你可以试一下，先紧后松之后，臀部周围的肌肉也会变得热乎乎的哦！像这样多次重复之后，你的紧张会渐渐消失，你也会逐渐找回原来的自己。

划重点！ 过紧必松，实乃常理。

打造一双会说话的眼睛

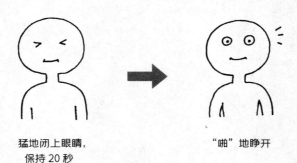

猛地闭上眼睛，
保持 20 秒

"啪"地睁开

一秒缓解紧张的技巧

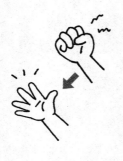

紧紧握拳后，
"啪"地松开

用力

放松

肛门紧张用力后，
"呼"地放松

144

5 | **面试时重心要放在自己的身上**

为自己大幅度地点头可以缓解紧张情绪

▶ **精神饱满地点头助你发挥实力**

书中推荐的相亲交流姿势是将身体前倾，微微点头。面试姿势与之相反。在面试时，我们要将身体坐直，通过大幅度点头来肯定自己，因为这种姿势会给人一种积极明快的感觉。

由于这种大幅度点头的说话方式会带动身体律动，所以更容易给人留下一种跃跃欲试、热情高涨的印象。此外，表情丰富的学生确实比那些表情冷淡、缺乏活力的学生更容易获得他人的好感和认可。大幅度点头最大的作用还是在于它可以缓解你在面试过程中的紧张情绪。我经常告诉我的学生，你们要为了自己去点头！

到目前为止，我所提倡的姿势或行为基本上都是倾向于为我们自身服务的。因为一旦你照顾好自己的情绪，能够做到从容淡定、不慌不忙地娓娓道来，那你自然就会给对方留下一个绝佳的印象。换言之，给人留下好印象只是附带结果，这套动作的真正目的是舒缓你的情绪，进而可以使你在关键时刻发挥出正常的水准。所以一定要记住，你的一切努力都是为了让自身变得更好！

▶ 值得推荐的面试姿势

经常会有人问我这样一个问题：在求职面试的时候我可以将手肘放到桌上吗？我的答案是，可以！不过如果你不喜欢做这个动作，也可以只将手腕放到桌子上，总之只要不是双手下垂就都没问题。因为一旦手肘伸得过直就容易出现紧张情绪。另外，手握鸡蛋式的虚握姿势也能有效地缓解你的情绪。

另外，当面试间没有桌子时，我们还可以尝试采取将双手放于大腿根部的坐姿。这种姿势可以撑开我们的两臂，使手肘微屈，进而达到放松神经的效果。若此时你能再配合上挺胸的动作，那你看上去就会显得更加板正认真了。

除此之外，值得推荐的面试姿势还有深坐。当我们深坐时，靠后的腰背可以稳稳地靠在椅背上，这更有助于我们保持身体的稳定。不过，人一旦感到紧张，就容易浅坐在椅子上，这一点需要我们多加注意。

划重点！　放松的秘诀：稳定身体，微屈关节。

求职面试的加分坐姿

身体坐直，大大地点头

· 有助于放松
· 能给面试官留下明快向上的印象

采取深坐的姿势

· 稳定身体，赶跑紧张情绪

有桌子时，可以将手腕放到桌上，手掌虚握

· 把手放上来能让神经放松

没有桌子时，将双手放到大腿根部

· 双臂微张、手肘微屈的动作可消除紧张感

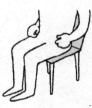

挺起胸膛

· 给人以堂堂正正、朝气蓬勃之感

一对一交流时不紧张的诀窍

诀窍 1 | **交流时，轻抚胸口**

这个动作可以保护身体的要害，所以能够使人安心。此外，该动作会给人一种认真努力的感觉，可以提升对方对你的好感度。

诀窍 2 | **将手放在桌上，手心朝上**

相亲时将肘部放在桌上，求职时将手腕放在桌上。这个动作可以有效缓解聊天时双方的紧张和不安。

诀窍 3 | **适当地点头或附和有助于你获得对方的信赖**

相亲时，要身体前倾，微微点头。求职时，要身体坐直，大幅度地点头。积极地附和不仅可以放松你的情绪，还可以助你获得对方的信任。

诀窍 4 | **紧张时要更加用力地绷紧身体，随后猛地放松**

试图放松身体却无果时，可以反其道而行，持续用力后猛地放松可以取得意想不到的效果。

击退导致紧张
的不安和怯懦

1 试着写出是什么令你不安

这一句话是你迈出的第一小步

▶ 是你在无端地制造不安

到底是什么使你不安？试着去直面让你不安的原因吧！

我曾经让我的研讨会学员参加过这样一个小活动：写出曾让他们感到不安的原因。于是，大家开始写下各种各样的原因——

"之前突然被点名要求回答问题，我知道答案，话到嘴边却讲不出来，要是以后都这样可怎么办啊？"

"之前早会上需要进行一分钟发言，我因为紧张没有做好。要是以后都这么丢人，那可如何是好啊！"

由此可见，大部分人的不安都是由他们过去的失败引起的。过去的失败让他们预设自己可能还会经历相同的失败，所以他们会无端地感到不安。若各位也是如此，那请听我一言！

试回想，当初的失败给你造成过无可挽回的恶劣后果吗？还是说，因为那时的失败，你的人际关系开始变得糟糕？其实都没有！你的人生并不会因为一分钟发言的失败而产生什么特别的改变。虽然当下你可能会感到无地自容，但别人可能根本就不在意你的窘迫，或者阴差阳错地没听见你失败的发言，他们很快就会把这些事情忘得一干二净。

▶ 付诸行动，走出失败阴影

不过，想必也还是有人会说："即便你这样开解我，我也还是会怯场。我果然还是很紧张……"如果你真的无法改变你内心的想法，那就随它去吧！

虽然你无法改变自己的想法，但是你可以改变自己的行为，让事情朝着好的方向去发展。

比如说，那些为了防止丢脸而在人前控制自己发言的人，接下来如果有谁发言了，你们可以尝试立刻在人前举手附和说："我也这么认为！"因为这只有短短的一句话，所以尝试起来是很容易的。

如果各位有研讨会、同学会、家长会或茶话会等其他会议的邀请，请务必前往参加，不要拒绝。在这些场合，你们只需要做一些简短的发言，总之一定要尝试开口讲话。等你习惯这类场合之后，你的发言量会渐渐增加，发言水准也会慢慢地得到提升。正所谓功到自然成，积累小的成功，采取积极的行动就可以涂写掉过去的失败。相信终有一日，你的不安会彻底消失。

划重点！　过往失败终归过往，未来之日终可期！

② 客观看待自己

做万全之准备，除内心之不安

▶ 要做好万全准备

无论是演讲还是一般性发言，如果你事前没有做好充足的准备，你是一定会感到不安和紧张的。因此，在发言前必须做好万全的准备！对此，我推荐给各位读者的方法是去观看自己用手机自拍导入的 10 分钟视频。

在正式开始的前几日，你可以通过观看视频来检查自己的状态和表现，因为一旦你在视频中发现了问题，你便可以立刻有针对性地对其进行修正。之所以只录 10 分钟的视频，是因为我们很难确保可以将一段很长的发言从头录到尾，所以每次只录前 10 分钟便可。

除此之外，我还有另外一个方法要分享给各位，那就是各位可以站在镜子面前练习 5～10 分钟的讲话。因为我们在看着自己的脸讲话时，会特别容易感到紧张甚至害羞，这时我们平时说话的一些习惯会更明显地暴露出来。

当人们感到紧张时，大部分的人都会下意识地使劲挤压左脸或右脸，继而造成半边脸往上提的滑稽之感。所以在照镜子时，人们会很容易发现自己面部表情的不自然。

"欸，我的左边脸有点高啊！"

"哇！嘴巴好奇怪……"

遇到这种情况时，我们可以摊开双手，高举到脸颊附近。如此一来，我们从脸到肩膀再到手腕处的肌肉都能放松下来，说话也就不会再显得奇奇怪怪。当然，当你能够做到对镜自然交流时，你便可以尝试放下双手。不过，如果故态复萌，那还是需要你用手辅助一下的。

若即便如此，你仍旧感到紧张的话，你还可以尝试采取高举双臂大呼"万岁"的动作。这个动作可以让你的嗓音变得明亮，表情变得开朗，进而使你能够更加顺畅地表达出你想表达的内容。

▶ 资料也要准备周全

发言的资料也必须提前确认好。无论是小抄或摘要还是PPT，我习惯在资料每一页的角落上写上这页大概需要的时间。比如说，研讨会是下午2点开始的话，我会在第一页上写2点20分，第二页上写2点50分。尤其是如果我要出席一场对时间要求比较严格的发言，这种时间分配方式会让整场的推进变得愉快而轻松，我也完全不用担心因超时而导致演讲无法完成。

另外，发言当天需要用到的电子资料，请务必在开场前送到会场。有些人可能会想反正我带的是自己的电脑，肯定没问题的。但是，其中依然存在着网络连接失败的风险，所以请各位务必多做一手准备。电脑经常会发生故障，所以我们一定要将这种风险提前纳入考虑范围，早做应对之策。最后，留出时间，提前一小时到场也是很有必要的！

划重点！ 紧张是自信缺失的表现，不过自信是可以锻炼出来的。

3 通过表情肌训练建立自信

丰富的表情会让情绪变积极

▶ "酸梅干"[①] 训练法锻炼出真正的微笑

很多人在自拍或站在镜子前做表情的时候面部很不自然，这也是导致我们不安的原因之一。展露自然的微笑看似很简单，但其实其中大有学问。为了展露出自然的微笑，我们需要进行一定的锻炼，除能给人以微笑错觉的抬头之外，配合表情肌的锻炼会产生更加出人意料的效果。

提升表情丰富度最重要的训练部位是嘴巴和眼睛，而能够最高效锻炼这两个部位的方法就是"酸梅干"训练法。当你说"乌梅博西苏派（发音）……"的时候，眼睛"咻"地闭上再"啪"地睁开。这时，你的眼周和嘴周的肌肉都能得到锻炼，所以请

---

① "酸梅干"：日语"酸梅干"的发音是"乌梅博西苏派"，当说出这个词时嘴巴的动作比较大。

各位务必尝试一下这个动作。另外，各位还可以尝试转眼珠训练，将眼球上下左右打圈转动，也能够有效地锻炼眼部周围的肌肉。

除此之外，用力按压上提嘴角穴位的"微笑唇"训练法也是极为有效的。穴位的具体位置就在上排牙和下排牙咬合的地方，动作的要点是按住穴位向上推，虽然会有痛感，但务必请各位稍稍忍耐一下，因为这个穴位是锻炼我们表情肌的绝佳穴位。

尝试一下，猛地按住穴位再突然松开后，脸颊会不会有一种温暖的感觉？因为这个动作相当于是给我们的面部做按摩，所以也更利于我们的发音训练。

最后，我还要给各位分享一个在镜子前训练表情的"笑容训练法"。当我们站在镜子前时，可以多次尝试说一些会使我们嘴角上扬的词，比如"好美""开心""高兴""耶"等。这些词的尾音会让我们的嘴角上扬，露出自然的微笑，而且积极的话常挂嘴边也会使我们变得更加积极哦！

▶ 大步快速向前走

现在，就请充满自信的各位再来一起训练一下自己的走路姿势吧！你们有注意过自己平时的走路姿势吗？那种低头蹒跚的走路姿势不仅会让你们看起来毫无自信，还会让你们的内心丧失活力。自信的人通常是抬头挺胸大步走的，而且是快步。

如果各位身边有那种自信满满、活力满满的人，那你们可以试着观察一下他们的走路姿势，几乎没有人走起路来会是有气无力的。

正如我们前文所述，改变行为只需要一瞬间。所以，如果你采取那些会让你看起来很自信的行为，那么在潜移默化中，你的内心也会充满自信。

划重点！ 自信大步向前走，无所畏也无所惧！

消除不安，建立自信

"酸梅干"训练法

配合"乌梅博西苏派"这个
发音练习时，眼睛"咻"地
闭上，再"啪"地睁开

转眼珠训练法

眼珠上下左右骨碌碌地转

"微笑唇"训练法

用力按住穴位向上推，
随后猛地松开

笑容训练法

经常对着镜子说"漂亮""耶"
等会使嘴角上扬的词

自信气场爆棚的
日常训练法

大步快速向前走

4 努力无果，压力巨大时的解压法

这里有给大脑制造错觉的方法

▶ 用打气手势赶跑怯懦

运动员在打破纪录或者在运动中展示绝技的时候通常会做打气手势。因为这种手势象征着喜悦和成就感，所以无论各位平时开心与否，都可以经常做这个动作。这个动作可以让你一消往日的不安和怯懦，重新焕发生机与活力。这个动作的要点是你要一边喊着"YES！"或"加油！"一边握紧拳头，屈肘举臂。当然，双手或单手都是可以的。试做一下，看你会不会感到心中涌起一股由衷的激情。

当你习惯了这个手势之后，你还可以进一步将手臂举过肩膀、头顶甚至是更高处哦！这样一来，你一定会感受到更多的力量与活力。

此外，打气手势还可以提高你的专注力。切记，当你要放松身体时，你需要延展四肢，但是当你要积蓄力量时，你需要握紧拳头。而且有实例表明，曾经有人通过每天两分钟的镜前打气练习找回了自信和阳光，并在相亲活动中获得了成功和幸福。而我力荐这个动作的理由是，打气手势极其简单，完全不需要付出时间和金钱成本就可以取得很好的效果。

▶ **巧借颜色的力量**

我们有时会遇到这样的情况，当我们面临一场重大的演讲或发言时，即便我们已经做了万全的准备，但还是会因为压力而坐立不安。这时，我们就可以巧借颜色的力量来拯救自己。正如一种心理疗法——颜色疗法所描述的那样，颜色可以治愈人们的身心，可以很大程度地影响一个人的状态。

举个例子，女性在出席重大场合时适合穿橙黄色的衬衫或者裙子。因为橙黄色可以有效地缓解紧张，这种明亮的色彩总是易使人情绪上扬。当然，你也可以随身携带一件橙黄色的小物件，手帕、笔、名片夹等都可以。

男性的话，则要灵活选择，区分佩戴红色或绿色的领带。因为从色彩心理学的角度出发，红色代表热情，有增强说服力的效果，所以当你进行发言或参加交际活动时，可以选择佩戴红色的领带。绿色代表了接纳和诚意，所以当你想要紧紧抓住对方的注意力时，你可以选择佩戴绿色的领带。

因此，请各位要注意根据当时的情况和主题，配合自己的心情来选择恰当的颜色。

划重点！ 适当的手势和颜色有助于你赶跑压力。

倾其全力，赶跑压力

使用打气手势

反复打气能使人气势高涨，
变得阳光积极

使用颜色疗法

女性可以选用橙黄色　　　**男性选用合适的领带颜色**

高效缓解紧张，
有助于调动情绪

红色 —— 在需要热情和进攻时佩戴
绿色 —— 在需要抓住对方的注意力时佩戴

击退不安和怯懦的诀窍

诀窍 1 | **写出让你不安的原因**

找出不安的原因就能对症下药。确认一下你的不安是不是由于你的杞人忧天导致的。

诀窍 2 | **用积极的行动去消除不安**

内心要保持积极。积累小的成功，建立你的自信。

诀窍 3 | **做万全之准备**

"我已经尽我所能"的想法能缓解你的情绪，剩下的，就只有尽你所能地全力以赴。

诀窍 4 | **锻炼表情肌，建立自信**

丰富的表情可以让你充满活力。

从根本上改变
紧张体质

1 将"嗯，这样也行吧""总会有办法的"作为口头禅

弓紧弦断，心平忧散！

▶ 嘴边常挂着这两句话

生而为人，总会有再努力也无法做到的事情。唯一不同的是，面对这个结果，有些人能够平心静气地接受："嗯，就这样吧！"但有些人则会忧心忡忡，伤神不已："完了！怎么办呀？太丢人了……"但是，往事不可追，即便你再沉浸于过去也无济于事，只能徒增伤悲，所以，不妨索性抛开过去，重新来过。毕竟，即便你当众演讲失败了，也并不意味着后果多严重，或是你做了一件祸及性命的事情。人生在世，不如意之事十之八九，所以当各位处事不顺的时候，如果你们能够坦然接受，觉得"嗯，这样也好，人生就是这样"，那么你们的内心会舒服很多。

我们可以常将"嗯，这样也行吧"和"总会有办法的"这两句话挂在嘴边，因为它们是我们摆脱紧张体质的两大法宝。能将这两句话领悟透的人都是人生的强者，因为他们不管遇到怎样的困难，都能做到一笑了之："嗯，这也没办法，谁让对方就是那种人呢！"他们善于遗忘，遗忘那些糟糕的失败。当你内心足够淡定时，你就会滋养出一份坦然，紧张情绪自然会慢慢消失。

所以，当不安和紧张来袭时，请大声地鼓励自己：

"总会有办法的！"

当你因为失败而气馁或遇到不开心的事情时，也请试着安慰自己：

"嗯，这样也行吧！"

这样一来，你的肩膀一定不会再那么紧绷，你的内心也会得到一份安宁！

▶ 不说丧气话

与此同时，还需要记住一点，千万不要说丧气话，哪怕这些话已经在你的脑子里盘旋已久。因为正如"言灵"二字所示，实际上，语言中存在着强大的能量。比如，如果我们口中反复念叨"要是失败了怎么办啊"，那就会给自己一个失败的暗示，然后，我们就会真的失败！所以，即便各位再心有不安，也一定要开导自己："我已经尽我所能了，顺其自然吧！"实际上，"尽力了"这句话拥有强大的自我激励的力量。

划重点！ 常言积极乐观的话能使人放松。

2 用大幅度的肢体语言来塑造放松体质

打开自己，接纳对方才能放松身心

▶ 大幅度地延展身体、张开双臂

现在有越来越多的人生活在焦虑中，而他们之所以无法保持内心的平静，其中一个原因是他们的肢体语言幅度太小。

让我们一起来回溯一下，为什么会有越来越多的人习惯于蜷缩身体。细细一想便可知道这和手机的使用脱不开关系。因为现在很多人都喜欢低着头，夹着双臂玩手机。久而久之，他们的身体就会习惯这种紧缩性的动作。如此一来，身体就会变得紧绷僵硬，人们自然也会因此感到焦躁不安。

各位不要总是低着头啊！要多抬头看看天空，多拉伸一下身体！这种放松性动作能够唤醒你内心深处的安宁，会让你忍不住地感慨："啊，这样也不错！"在此基础上，你可以再尝试一下大幅度地张开双臂，这就像是在给心灵做按摩，能让你更加积极乐观地面对生活中的一切。

另外，我们会发现母亲试图紧紧拥抱孩子时的姿势也是两手向前大大地伸开的。因为这种动作意味着打开自己，接纳对方，所以它不仅会让你感到轻松，也会让对方感到轻松。

基于此，各位一定要谨记平时要多多大幅度地伸展身体，放松身体。因为那种紧绷的动作只会让我们一直陷在紧张情绪中，无法脱身。

▶ "破绽效果" 更有助于放松

平时要注意不要总将手臂贴得那么紧。撑开手臂不仅能够消除你的紧张，还可以给人一种你不设防、容易亲近的感觉。我将这种效果称为"破绽效果"。

日语中对"双臂不紧（破绽）"一词的解释是"因为你不够警惕，所以给了对方可乘之机"。但是，这并不适用于交际场合。因为完美且毫无破绽的人是难以接近的，待在这些人身边会让人感觉到很疲惫。所以，你要试着露出一些破绽，这于你们双方而言都会是一件好事，也更有助于打造你们之间轻松和谐的交流关系。

划重点！ "大幅度的肢体语言"与"破绽效果"都能助你塑造放松体质。

3

每天列举 10 件幸事，夸赞自己 10 次

高度自我肯定，摆脱紧张体质

▶ **使劲儿地降低标准**

"大家今天睡前要列举出 10 件幸事。"每次只要我一在研修会或者研讨会上提出这条，学员们就总是摆出同一副为难的面孔："啊？要 10 个？太多了吧！"可其实，所有细枝末节的小事都可以算在其中啊！

细想一下，"今天遇到的都是绿灯！""今天是个好天气！"等，只要我们回顾一下今天发生的事情，就会发现这种小事不止发生了 10 个。各位就是把可称之为幸事的标准拔得太高了，总认为只有让人喜出望外的事情才可被称为幸事。那些整日将"今天又是开心的一天"这句话挂在嘴边的人，其实他们"开心"的标准是很低的。因为，他们也并不可能是每天都能中大奖的"欧皇"啊！

所以，各位在每天都列举出自己今天遇到的 10 件幸事时，不要一上来就认为没有，你再好好想一想！而且，除了幸事还有自我夸奖啊！比如，"我今天给别人指路了，很棒！""我今天在车上给老人让座了，做得不错！"其实，幸事和自我夸奖的本质基本上是一样的，都是些让人愉悦的事情。

我们要像这样去使劲儿地降低标准。这样一来，在我们每晚回忆当天发生的幸事并肯定自己的过程中，我们会慢慢地获得一种高度的自我肯定感，并且由衷地认为："我真是个幸运的人！""明天要好好努力啊！"

▶ 去接受命运给予的一切

各位在列举的时候不要只在脑子里过，你可以伸开双臂向天高举并大声呐喊，这会让你获得更加强烈的自我肯定感，就仿佛你正在接受命运给予你的一切！切记，举臂时要手心朝内哦！

也许这样会有一点点奇怪，但是这对于改善紧张体质而言，绝对拥有奇佳效果！因为这个动作本身也是放松性动作的一种，所以高举双臂会使人呼吸加深，进而获得精神上的放松。而且，各位还可以顺势祈祷一下呀！"我希望我的身边好事连连，诸事顺意！"

紧张体质的人的自我肯定感往往很低。因为他们无法信赖自己，所以会感到不安，进而陷入紧张的情绪泥沼。所以，请各位再多信任自己一些！因为，你们远比你们自己想象的要有力量！

划重点！ 有效缓解紧张情绪的方法：提高自我肯定感，养成开心体质。

改变紧张体质，
养成开心体质的好习惯

每日言 10 件幸事

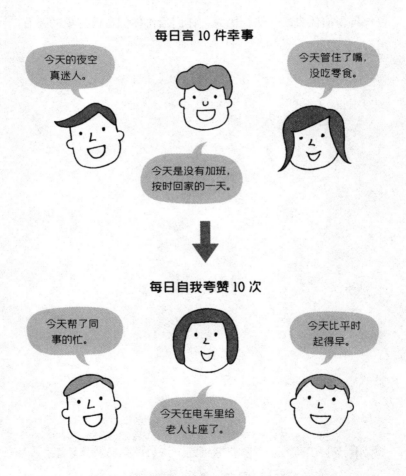

世间的小确幸皆可为幸事！

4

完成半数以上的目标便可称好

降低目标合格线有助于放松身心

▶ **过分逞强会使人紧张**

设定一个很高的目标当然是一件好事，因为渴望成长才会激励人前进，让人产生向上的动力。但是，过分逞强只会让人疲惫，让人紧张。所以，我经常建议我的学员完成设定目标的五成至六成就行了。可即便如此，仍有人想要100%地完成目标，甚至想要120%地超额完成目标。这类人对自己极为苛刻，他们不容许自己出现任何失误，所以身心总是处在极度紧张的状态下。

其实，我一开始参加研讨会或演讲时也总是力求完美，我不允许自己讲得不好，这种想法给我带来前所未有的压力。在演讲前，我吃不下饭，所以演讲结束后我总是觉得自己精疲力竭，仿佛整个人都被掏空了。除此之外，我还会去细数自己失败的细节。哪个部分讲错了，哪个地方忘记了，哪段吐字不清晰了……在这种失落感的强烈冲击之下，我感觉我的身心一日比一日疲惫。直到有一天，我幡然醒悟："何必呢！尽自己所能不就好了，即便搞砸了我也已经尽力了！"然后，我的整个世界渐渐开始变得明朗起来。

所以，尽情地去降低目标合格线吧！尽情地去细数你已经达成的目标，比如"今天说话没有产生口误""虽然很少，但今天有一个人对我笑了"。慢慢地，你就会在这个过程中建立起自信。而且，渐渐地，你便能够怀抱着一种极其愉悦的心情去讲话。当你怀抱着这样的心情去发言时，即便是初次听你演讲的人，也会被你的愉悦感染。

▶ 要重新设定目标

在学生时代，我们有明确的目标，我们会为了"本月内写完了一本练习册"而激动，而进入社会以后，我们的目标却没有那么明确了，因为我们需要不停地去攻克一个又一个的难题。鉴于此，我们需要重新去设定目标，比如说修改为"完成了现阶段的小目标"等。当然，我们要设定可以够得着的目标线。

我曾讲过，我们在为当众发言做准备时只需要录 10 分钟的视频，其实这也是出于降低目标线的考虑，不然 10 分钟后又 10 分钟，那什么时候才是个头呢？如果你能够像这样去顺利地完成设定的目标，那你便能给自己一个安心的交代，对自己说："我已经尽我所能了！"

划重点！ 认可自己迄今为止付出的努力！

5 培养日常习惯，克服怯场症

仰望天空时呼吸加深，杂念和紧张都会消失无踪

▶ 遇糟心之事时可仰面看天

当遇到糟心的事情或感到不安时，我们可以尝试仰望天空，放空 10 ~ 30 秒。在室内的话，我们也可以抬头看看正上方的天花板。当我们仰望的时候，我们是睁眼也好闭眼也罢，都要试着真切地感受自己的呼吸，感受那种仰望时的深深的呼吸！仰望是我们的一种本能。当众多思绪纷至沓来，我们想要重新来过，想要放空自己时，就会习惯性地仰望天空。

之所以会如此，是因为当我们仰头时，头脑会清空所有的杂念。那时，我们心中的不安和焦躁都会随之消失，并且会在心中涌起一股积极向前的勇气。

"嗯！加油！我可以！"

不可思议的是，到那时，我们的心中只会留下一股积极向上的力量。究其原因，还是因为仰望天空这个动作本身是一种积极性动作，它会让大脑产生一种错觉：我是积极且一往无前的。如此一来，我们阴郁的心情自然也就能够放晴了。

▶ 沐浴时也可仰望

另外，泡澡或淋浴的时候也可以仰望。同样，洗头发时也可以。我们在看外国电影的时候，会发现剧中人大部分都是仰头淋浴的。所以，各位不妨也酷酷地模仿一下，试着感受一下仰头淋浴的魅力。当我们内心受到伤害时，我们还可以试着在泡澡时将自己的头和两腕搁到浴缸边沿上，将整个人泡在浴缸里，仰望天花板，放空思绪。

切记，在伤心的时候千万不要选择抱腿坐在浴缸正中间的姿势！因为这种紧绷蜷缩的姿势更容易加深你内心的痛苦。其中，抱腿三角坐的姿势更是不可取的！因为当抱腿蜷缩时，我们的内心会被各种消极的情绪所吞噬，这样一来我们就需要花费更长的时间才能摆脱痛苦。当我们习惯了仰头放松时，我们内心滋生烦躁、失落、焦躁情绪的时间就会变少，同样，被紧张碾轧的次数也会随之变少，内心也就渐渐地能够平和下来了。

划重点！ 量变产生质变，纯粹的积累终将赢得巨大的变化。

6 提高注意力可使临场应变能力变强

用自创动作和固定动作来打配合

▶ 自创一个使人安心的动作

即便你是一个极其容易紧张的怯场症患者，也一定有完全不紧张的时候，那就是你全神贯注、集中注意力的时候。因为人在集中注意力的时候会无暇思考旁的事情，所以自然也不会被紧张情绪所滋扰。如果我们能够做到在实践中集中注意力，那我们就能够完完全全地发挥出自己的实力。基于此，我建议各位可以为自己的实践设计一个助力的专属动作。比如，铃木一郎① 每次在进入击球员区之前都会摆出相同的准备姿势。维持这个特有的姿势有助于他提高专注力，进而一如既往地发挥出令人惊叹的超高水准。当然，这种情况不仅限于铃木一郎，很多运动员都有自创的专属动作。

---

① 日本职业棒球选手，在日本，他曾连续七年荣获"优秀击球手"称号，三度赢得"最有价值球员奖"。

各位也可以尝试着自创一个适合自己的动作。我个人的习惯是每次在演讲或发言前，都会选择佩戴上同一副耳饰。每次只要我一戴上我的本命耳饰，我就能够轻松愉快地完成演讲。

　　每个人都会有每个人的习惯。讲师中也有人会一次性准备五套一样的套装，在研讨会期间他们会一直将套装作为工作服穿在身上。据说，这样会让他们感到放松，演讲起来也能够更加地游刃有余。换言之，这就是他们的"幸运装"。再比如说，有很多男性会在重要场合特意穿上红色三角裤。当然，也有不少人会选择在那一天佩戴和往日相同的领带。虽说在一般情况下，人们在临上场前会通过喝咖啡来安神，但有些人也会有自己的饮品或食物偏好。不管你有什么食物偏好，只要能让你平静下来的就都可以考虑！一旦这次我们在事前幸运美食的加持下获得了成功，那下次我们就可以如法炮制了。

▶ **何为提高注意力的固定动作**

　　现在，我再给各位分享一个和自创动作同时使用，能使效果加倍、注意力显著提高的动作，那就是将双手于胸前合十的祈祷动作，合十的时候要注意挺胸抬肘。平时，我们在祈祷时习惯于微撑双臂，双手合十，身体前倾，但这种小幅度的动作并不会起到很大的作用。因为很多时候我们看似是在向神明祈祷，但其实是在向自己祈祷，在向自己表明决心，所以我们一定要尽可能地、更大幅度地、更有力地去祈祷，从而实现进一步的身心合一。如果各位能每天坚持做这个动作，那假以时日，你们一定能够拥有一颗不畏压力的强大内心。

划重点！ 专注于当下应做之事便无暇顾及紧张。

自创解压姿势，迎接实战时刻！

打开注意力的开关

实战前，准备好与往常一样的首饰、衣服

实战当天早上，可以吃你认为可以带来幸运的美食

用祈祷姿势来实现身心合一

双手于胸前合十

抬肘

挺胸

摆脱紧张体质的诀窍

诀窍 1 | **乐观积极的话常挂嘴边**

常将"嗯，这样也行吧""总会有办法的"挂在嘴边，可以让你的内心变得轻松，有效缓解内心的紧张情绪。

诀窍 2 | **使用大幅度的肢体语言**

大幅度的肢体语言能够打开你的内心，可以使交流双方都感到轻松和自然。

诀窍 3 | **降低标准**

积累点滴的成就感可以提高你的自我肯定感，也可以提高你的自我信赖感。

诀窍 4 | **养成仰望的习惯**

尽量避免消极思考，积累不屈不挠的强大精神力量。

诀窍 5 | **提高注意力**

自创的专属姿势就像护身符一样能给你加持，使你安心，也能提高你的注意力。

后记

致各位读者，感谢各位与本书相伴，一直阅读到此！

在本书中，我试图从各个角度出发，为各位读者推荐各种各样消除紧张的方法。简而言之，身体的紧张会招致心灵的紧张。所以，各位要想在当众发言时做到轻松自然，那就必须丰富讲话时的肢体语言。这不仅仅指的是手和脚，嘴角、眼周等的表情也要根据我们的谈话内容进行变化。一旦我们灵活地掌握了肢体语言和表情语言，那交流将会变成一件轻松且享受的事情，而我们的交流能力也会在交际过程中不断提高。

不过各位读者千万不要抱有紧张可以彻底消除的幻想。而且，我们也没有必要去消除紧张情绪。因为紧张是身体的防卫反应，当我们直面困难时，身心会为了克服眼前的难题而产生暂时的紧绷，这是一种名为超越和获胜的欲望正在发力！

这也是我们在演讲、发言、会议、应酬、商谈、初次见面、考试、求职、相亲、联谊、冠婚丧祭、家长会等重要时刻会感到紧张的原因。所以，如果你想要提高注意力，想要将其提高至100%，甚至是120%，那么都将需要紧张来为其催化。由此可知，适度的紧张有助于我们更好地发挥出自己的实力。

紧张是我们终其一生都无法摆脱的情绪！比如，当我们在工作场上与他人初次见面时、从事一份新的工作时、要出席家长会时，或者在冠婚丧祭等场合被要求寒暄发言时，我们都会感到紧张。可若是我们因为紧张就拒绝出席，那我们的交际圈子只会变得越来越狭窄。而且，有些事情是我们无法逃避的。

紧张永远蛰伏在这个世界的每一个角落，所以我们不妨干脆地接受这个事实！常言道，适度的紧张就像人生的调味剂，可以给予我们良性的刺激，激活我们的身心。所以，如果有一天你能够在紧张时做到惬意淡定，那你的身体里一定充满了强大的力量，而这股力量可以帮助你攻克人生中的任何一个困难。我希望各位都能够在伊势田行为交流法的帮助下，笑容满面地度过人生中美好的每一天！

伊势田幸永

图书在版编目（CIP）数据

再见，我的紧张体质 /（日）伊势田幸永著；马梦
雪译. — 成都：天地出版社，2023.2
ISBN 978-7-5455-7273-5

Ⅰ.①再… Ⅱ.①伊… ②马… Ⅲ.①心理紧张 – 通
俗读物 Ⅳ.① B845-49

中国版本图书馆CIP数据核字（2022）第185857号

TATTA 0.5BYO DE KINCHOU WO TORU KOTSU
©YUKIE ISEDA 2018
All rights reserved.
Originally published in Japan by KANKI PUBLISHING INC.,
Chinese (in Simplified characters only) translation rights arranged with
KANKI PUBLISHING INC., through Rightol Media Limited
（本书中文简体版权经由锐拓传媒取得Email:copyright@rightol.com）

著作权登记号　图字：21-2022-326

ZAIJIAN，WODE JINZHANG TIZHI

再见，我的紧张体质

出品人	杨　政	
作　　者	［日］伊势田幸永	
译　　者	马梦雪	
策划编辑	王　玉	
责任编辑	杨　露	
责任校对	曾孝莉	
封面设计	扁　舟	
内文排版	杨西霞	
责任印制	白　雪	

出版发行　天地出版社
　　　　　　（成都市锦江区三色路238号　邮政编码：610023）
　　　　　　（北京市方庄芳群园3区3号　邮政编码：100078）
网　　址　http://www.tiandiph.com
电子邮箱　tianditg@163.com
经　　销　新华文轩出版传媒股份有限公司

印　　刷　北京金特印刷有限责任公司
版　　次　2023年2月第1版
印　　次　2023年2月第1次印刷
开　　本　880mm×1230mm　1/32
印　　张　7
字　　数　112千字
定　　价　49.00元
书　　号　ISBN 978-7-5455-7273-5